金工实习指导

胡　慧　彭文静　主　编

胡晓东　刘文锋　彭潇潇　副主编
陈卓威　刘伟成　陈默兮

清华大学出版社

北　京

内 容 简 介

本书是为参加高等院校金工实习或工程训练类课程设计或竞赛的学生编写的手册。全书分四篇，第I篇为实习安全操作规程，第II篇为传统制造实习，第III篇为先进制造实习，第IV篇为综合与创新，同时配备实习报告，方便学生自我总结和教师评分。本书对参加金工类工程训练的学生具有重要指导作用。

图书在版编目(CIP)数据

金工实习指导/ 胡慧，彭文静 主编. —北京：清华大学出版社，2022.6（2023.8重印）
ISBN 978-7-302-60739-7

Ⅰ. ①金… Ⅱ. ①胡… ②彭… Ⅲ. ①金属加工—实习 Ⅳ. ①TG-45

中国版本图书馆 CIP 数据核字(2022)第 073503 号

责任编辑：王 军
封面设计：高娟妮
版式设计：孔祥峰
责任校对：成凤进
责任印制：丛怀宇

出版发行：清华大学出版社
网 址：http://www.tup.com.cn，http://www.wqbook.com
地 址：北京清华大学学研大厦 A 座 邮 编：100084
社 总 机：010-83470000 邮 购：010-62786544
投稿与读者服务：010-62776969，c-service@tup.tsinghua.edu.cn
质 量 反 馈：010-62772015，zhiliang@tup.tsinghua.edu.cn
印 装 者：北京同文印刷有限责任公司
经 销：全国新华书店
开 本：185mm×260mm **印 张：**8.75 **字 数：**224 千字
版 次：2022 年 6 月第 1 版 **印 次：**2023 年 8 月第 2 次印刷
定 价：35.00 元

产品编号：096347-01

安全责任承诺书

本人______________，专业________________，班级_________________。

根据实践教学要求，于_______年______月_____日至_______年_____月______日到工程训练中心进行实习。

为确保实习安全，杜绝安全事故发生，圆满完成实习任务，本人已经参加了工程训练中心的安全教育课，并仔细阅读了实习手册。本人熟知并将全面遵守各项管理制度及安全操作规程；如违反规程制度，所造成的后果和任何损失(包括人身伤害事故、设备安全事故等)，均由本人承担全部责任。特此承诺。

学生签字：　　　　　　　　　　　　　　联系方式：

_____年_____月_____日

前　言

金工实习是高等工科院校学生必修的一门实践性很强的技术基础课，是重要的基础实践教学环节。金工实习要求学生自己动手操作，制作机械加工产品，掌握相关制作工艺及基本操作技能。

金工实习是巩固理论知识的良好途径。通过学习基础理论和参加实际操作，学生将对机械零件、机械产品加工的基本工艺流程、生产设备基本结构及工作原理、基本工量具的使用、机械产品的基本安装工艺、机械产品或零件的质量检测方法、智能制造系统等有真实体验，对机械工程材料的型号规格、主要特点和基本用途等有初步认识，对加工设备、工量具等的主要结构和基本使用方法有初步认识。

金工实习的目的是培养学生加工常用机械的基本动手能力，使学生养成严谨务实的工作作风，初步获得良好的分析、解决机械加工工程实际问题的能力，形成较强的工程意识、安全意识、交流沟通意识、创新意识和团队协作意识，为专业课程的学习、课外科技活动的开展和今后的工作打下良好基础。

本书是为了方便参加金工实习的学生了解相关实习项目、实习要求、操作规程、成绩评定标准等编写的，包含“实习安全操作规程”“传统制造实习”“先进制造实习”“综合与创新”四篇，分为传统制造、先进制造、综合与创新 3 个递进式实习层次，涵盖钳工、铸造、普通车削、普铣、数控车削、数控铣与加工中心、线切割、3D 打印、激光雕切、智能制造、创新实例等 11 个实习项目；每个实习项目都包含独立的实习报告，以实践教学为基础，以实际应用为主线，充分体现各工种的特点。可扫描封底的二维码来访问本书配套学习资源网站。本书适用于不同专业、不同实习时长、不同层次的学生。

由于编者的水平有限，书中难免存在不足之处，敬请广大读者批评指正。

编　者

2021 年 12 月

目　录

第1篇

实习安全操作规程

第1章 冷加工实习安全操作规程

1.1 车工安全操作规程

(1) 遵守《工程训练实习守则》，实习时不能戴手套，上衣须扣紧，长发者辫子或散发须盘起扎牢，且要戴安全帽，并将头发纳入帽内。

(2) 应在指定的机床上进行实习，其他机床、工具或电器开关等均不得乱动。

(3) 开动机床前，首先要检查拧紧扳手是否从卡盘孔中取出，再检查机床周围有无障碍物，各操作手柄位置是否正确，工件及工具是否已夹持牢固等。

(4) 工作时头不能离工件太近，以防止切屑飞入眼睛，手和身体不要靠近正在旋转的机件；不准戴手套工作，不准用手摸正在运动的工件或刀具，停车时不得用手去制动车床卡盘。

(5) 开车后不得离开机床，如果离开必须先停车，并切断电源后才能离开机床；要变更转速时，必须停车变速；遵守工艺规程，不得任意改变切削用量，在切削过程中不得用棉纱擦工件或刀具等。

(6) 爱护机床，在导轨和工作台上，不乱放工具、刃具、量具及夹具等。车床运转时，不准测量工件，也不可用手触摸工件。

(7) 两人操作一台机床时，应分工明确、相互配合，在开车时，必须注意另一个人的安全。

(8) 不要站在切屑飞出的方向，以免伤人；不可用手直接清除切屑，应用专用的工具清除。

(9) 工作中如遇异常情况，应立即停车，保持现场，并报告指导老师。

(10) 工作完毕后，扫清切屑，擦净机床，在导轨面上涂油，各部件调整到正常位置，关闭机床电闸。

1.2　钳工安全操作规程

(1) 遵守《工程训练实习守则》。

(2) 工件放在钳口上要夹紧、转紧或放松虎钳时，提防打伤手指。

(3) 不可用无手柄的锉刀、刮刀等；榔头柄必须安装牢固。

(4) 使用的机床和工具(如钻床、砂轮机、手电钻等)要经常检查，发现故障应及时报修，在未修复前不得使用。

(5) 在钳台上进行錾削时，要有防护网，錾子、冲头尾部不准有淬头裂缝或卷边及毛刺，錾切工件时要注意自己和他人不要被切屑击伤；清除切屑要用刷子，不得直接用手或棉纱清除，也不可用嘴吹。

(6) 毛坯和已加工的零件应放在规定位置，排列要整齐、平稳，保证安全，便于取放，并避免碰伤已加工过的工件表面。

(7) 在钳台上工作时，工量具应按顺序排列整齐。常用的工量具要放在工作位置附近，且不能超出钳台边缘；活动钳上的手柄旋转时，如果碰触，易出事故。

(8) 量具不能与工具或工件混在一起，工量具要整齐地安放在工具箱内，并有固定位置，不得任意堆放，以防损坏和取用不便；量具使用完毕后，应擦干净，并在工作面上涂油防锈。

(9) 钻床速度不能随意变更，若需调整，需要得到指导老师的同意，必须停车后才能调整。钻孔时工件必须用虎钳夹住，严禁钻孔期间用手握住工件；钻孔将要穿透时，应十分小心，不可用力过猛。

(10) 装配时，笨重零件的搬运应量力而行，装配清洗零件时，注意不要接近火源。

(11) 工作场地应经常保持整洁。工作完毕后，所用过的设备和工具都要按要求进行清理和涂油，工作场地要清扫干净，切屑、垃圾等要倾倒在指定地点。

1.3　铣工安全操作规程

(1) 遵守《工程训练实习守则》，不能戴手套，上衣须扣紧，长发者辫子或散发须盘起扎牢，且要戴安全帽，并将头发纳入帽内。

(2) 应在指定的机床上进行实习，其他机床、工具或电器开关等均不得乱动。

(3) 开车前检查各手轮、手柄、按钮位置是否适当，开车低速空车检查各运动部分是否正常；装铣刀时应注意刀杆、垫圈是否干净、平整，刀具运转方向与工作台进给方向是否正确。

(4) 工件夹具须牢固夹紧，但不得用榔头敲打扳手。

(5) 移动工作台、升降台时，应松开紧固螺钉；快速进给接近工件时要点动，保证刀具与工件有一定距离。

(6) 铣削时头、手不得接近铣削区，身体、手或其他物件不能靠近正在旋转的机械，如皮带、皮带轮、齿轮等。

(7) 不要站在切屑飞出的方向，以免伤人；不可用手直接清除切屑，不得用嘴吹切屑，应用专用的刷子清除。

(8) 操作中不得擅自离开工作岗位，多人共用一台铣床时，只能一人操作，并注意他人安全。

(9) 下班前，要擦净机床，收好工具，整理工件，清扫场地。将机床各手柄恢复到停止位置，将工作台移至适当位置，关闭机床电闸。

第2章 热加工实习安全操作规程

2.1 铸工安全操作规程

(1) 遵守《工程训练实习守则》，实习时要穿戴好劳动保护品，工作场地必须保持整洁。

(2) 造型时注意压勺、通气针等物刺伤人，握模型和用手塞砂子时注意铁刺和铁钉；造型时不要用嘴吹砂子。

(3) 抹箱时砂子应过筛，以免有杂物伤人。

(4) 扣箱和翻箱时，动作要协调一致。

(5) 不得在砂箱悬挂的情况下修型。

(6) 用手提灯时，应注意检查灯头、灯线是否漏电。

(7) 不要在吊车下停留或行走。

(8) 浇注时，不浇注的同学应远离熔炼炉。

(9) 开炉前做好一切准备工作：铁水包要烘干；运铁水车要检修完好；道路要畅通；车间内要整洁。

(10) 为保证产品质量，一定要坚持“五不浇”的原则：即没埋箱(包抹箱)不浇，没压箱不浇，没打渣不浇，温度低不浇，铁水量不够不浇。

(11) 浇注前渣勺应预热。

(12) 浇注前应准备好堵火窝头，跑火时严禁用手堵铁水。

(13) 开天车人员应服从浇注人员指挥；抬包浇注时应协调一致。

(14) 浇注时要引气，不能将头对着冒口。

(15) 铁水放花时，浇注人员要坚守岗位，不得慌乱。

(16) 浇注后剩余的铁水，一定要倒在干燥合适的地方。

(17) 不可用手、脚触及未冷却的铸件；清理铸件时，要注意周围环境，以免伤人。

2.2 热处理安全操作规程

(1) 操作前，首先要熟悉热处理工艺规程和所使用的设备。

(2) 进行操作时一定要穿戴好防护用品，如工作服、手套、防护眼镜等。

(3) 参观学习者严禁乱动，必须离工作点 15 m 以上。

(4) 注意在将工件放入盐浴炉时，必须先烘烤蒸发水分，以免溶液飞溅伤人。

(5) 设备危险区(如电炉的电源导线、配电柜、调整仪等)不得随便触碰，以免发生事故。

(6) 热处理的工件，不能用手去摸，以免被未冷工件灼伤。

(7) 搞好安全生产，严禁在工作场地嬉笑、打闹。

(8) 下班时，关闭电源清理现场，并保持工作场地环境整洁。

第3章 现代制造实习安全操作规程

3.1 数控加工通用安全操作规程

(1) 数控机床属于高精密设备，操作时必须严格遵守安全操作规程。
(2) 严禁在数控设备上堆放任何工件、夹具、刀具和量具等。
(3) 严禁在尚未熟悉使用步骤的情况下，触摸各按钮开关。
(4) 未经许可，不得擅自启动机床进行零件加工。
(5) 严禁私自打开数控系统控制柜进行观看和触摸。
(6) 加工零件时，必须关上防护门，加工过程中不允许打开防护门。
(7) 加工零件时，必须严格按照规定操作步骤进行，不允许跳步骤执行。
(8) 控制数控机床的微机除执行程序操作和程序拷贝外，不允许执行其他操作。
(9) 严禁将未经指导老师验证的程序输入控制微机进行零件加工。

3.2 CO_2激光雕刻机安全操作规程

(1) 激光电源为高压器件，禁止任意拆卸。不要破坏屏蔽层，注意通风散热。

(2) 激光电源与市电的连接电缆一定要可靠接地。

(3) 激光管冷却水一定要清洁、勤换、可靠循环、散热容易，水泵与机器背面的电源输出插座相连，以确保冷却水与激光开启联动。

(4) 开激光电源前一定要确保先开循环水，并循环正常。冬天时要特别注意激光管中不能有结冰存在。

(5) 冬天气温太低时，一定要注意关激光后排尽激光管内的积水，以防结冰。

(6) 激光雕刻机驱动系统的电源连接电缆一定要可靠接地。

(7) 机器工作时和激光电源开关打开时，严禁打开机箱盖。

(8) 远离可燃物、易爆物。

(9) 使用环境洁净少尘，环境温度为0~40°C，相对湿度为10%~75%。

(10) 机器运行部分的导轨及滚轮应注意保持清洁。圆柱导轨应定期清洁后加润滑油擦拭保护，直线滚动导轨应加机油润滑防护，滑块注油口处应定期加机油。

(11) 排烟和吹气系统一定要通畅，开激光前一定要开启排烟和吹气系统；气泵与机器背面的电源输出插座相连，以确保吹气与激光开启联动。

(12) 注意，激光雕刻机在工作时一定要有人值守！本机所用的激光为高能不可见光，直接照射对人体有害，极易引燃可燃物。

3.3　数控电火花成型加工机床安全操作规程

(1) 每次开机后，需要执行回原点操作，并观察机床各方向运动是否正常。

(2) 开机后，开启油泵电源，检查工作液系统是否正常。

(3) 在工件加工过程中，禁止操作者同时触摸工件及电极，以防触电。

(4) 加工时，加工区与工作液面距离应大于 50mm。

(5) 禁止操作者在机床工作过程中离开机床。

(6) 禁止攀爬到机床和系统部件上。

(7) 禁止未经培训人员操作或维修本机床。

(8) 按机床说明书要求定期添加润滑油。

(9) 禁止使用不适用于放电加工的工作液或添加剂。

(10) 绝对禁止在存放本机床的房间内吸烟及燃放明火，机床周围应存放足够的灭火设备。

(11) 加工结束后，应切断控制柜电源和机床电源。

(12) 工程实践场所禁止吸烟，实现教学场地“无烟区”。

3.4 数控车床安全操作规程

(1) 实习学生应在老师指导下启动机床、输入程序及加工零件。

(2) 严禁湿手触摸操作面板，操作设备时不允许戴手套。

(3) 机床周围应保持干净，避免使用压缩空气清理机床及环境。

(4) 涉及电器方面的故障应由电器维修人员来处理。

(5) 开机时，应先打开机床总电源，再打开操作面板上的系统电源，最后启动液压系统。

(6) 机床开启后应先将方式选择开关置于 REF、RTN 位置，按下+X、+Z 方向的按钮，机床返回参考点，建立机床坐标系。

(7) 操作前应认真检查加工程序，确保程序正确无误；检查工作坐标系建立是否正确。

(8) 在加工过程中不能随意打开防护门，以免发生危险。

(9) 当机床出现异常或可能发生危险时，应立即按下急停按钮，并报告指导老师。

(10) 清理切屑时一定要先停机，残留在刀盘以及掉入排屑装置的切屑不能用手清理。

(11) 装刀时应停止主轴转动及各轴进给；任何刀具装好后，其伸出长度不得超过规定值，以防刀具、床身、拖板、防护罩、尾座等发生碰撞。

(12) 工作结束后，应先清理机床，做好机床保养工作，然后关闭系统电源，最后关闭机床总电源。

3.5 加工中心安全操作规程

(1) 实习学生应在老师指导下启动机床、输入程序及加工零件。

(2) 严禁湿手触摸操作面板，操作设备时不允许戴手套。

(3) 机床周围应保持干净，避免使用压缩空气清理机床及环境。

(4) 涉及电器方面的故障应由电器维修人员处理。

(5) 开机时首先打开机床总电源开关，再打开操作面板上的电源开关，最后打开系统开关。

(6) 机床开启后应先将方式选择开关置于 REF、RTN 位置，按下+Z、+X、+Y 方向的按钮，机床返回参考点，建立机床坐标系。

(7) 操作前应认真检查加工程序，确保程序正确无误；检查工作坐标系建立是否正确，刀具长度补正 H 代码是否正确及 H 代码后面是否有 Z 值。

(8) 在加工过程中不能随意打开防护门，以免发生危险。

(9) 当机床出现异常或可能发生危险时，应立即按紧急停止按钮，并报告指导老师。

(10) 两人或两人以上操作一台机床时，要注意相互之间的配合。

(11) 确保机床在工作时有足够润滑油，并且润滑用牌号及油量应符合机床要求。

(12) 工作结束时，应先清理机床，做好机床保养工作，然后关闭系统电源，关闭操作面板电源，最后关闭机床总电源开关。

3.6 线切割机床安全操作规程

(1) 实习学生应在老师指导下启动机床、输入程序及加工零件。

(2) 在自动编程时，注意切入点与工件及机床的相对位置要正确。

(3) 模拟运行时，打开电源总开关及系统开关即可。

(4) 装夹工件时，工件伸出支架部分要大于实际工作尺寸，用手旋紧压板螺母即可。

(5) 在加工过程中切不可变更脉冲参数。

(6) 在加工过程中，不可擅自离开工作岗位。

(7) 在加工过程中，严禁用手触摸钼丝、工件、工作台。

(8) 出现意外情况时，必须立即关闭电源，报告指导老师。

(9) 严禁在切削液中清洗零件。

(10) 工作完毕后，机床要擦拭干净，及时保养。

(11) 在切割结束时，采用如下关机步骤：关水、关丝、关高频(变频、加工、进给)、关总开关。

3.7　3D 打印安全操作规程

(1) 实习所用计算机供学生进行模型设计、CAD 设计、3D 打印、程序编制、资料查询等之用。

(2) 进入打印机房后，应保持机房环境整洁，不得带任何食物入内，不得乱扔纸屑等杂物。

(3) 严禁在计算机、打印机上执行任何与实习无关的操作。

(4) 不得擅自更改和删除计算机中的软件，严禁设置各种密码。

(5) 如遇计算机出现死机等异常情况，应立即报请指导老师修复，不得擅自维修。

(6) 严禁打印与实习无关的产品。

(7) 严禁私自打开计算机和 3D 打印机机箱。

(8) 学生按指定机位就座，未经许可不得私自调换座位。

(9) 实习所用软件涉及知识版权，严禁拷贝和编译。

(10) 打印机出现异常时，应及时报告指导老师，在老师指导下解决异常问题，不得擅自处理，如拆卸零件、拔出打印丝等。

3.8 智能制造操作规程

(1) 操作人员必须是经过培训且熟练掌握相关设备的专业老师。

(2) 智能制造系统工作时，操作人员需要实时监视各个工作站及电力系统的运行情况。

(3) 观察智能制造系统工作时，必须站在规定区域内，不得进入系统工作区域。

(4) 智能制造系统内 ABB 机械臂工作范围、AGV 小车行驶路线上严禁站人、设置障碍物，避免机械臂、小车与人或物发生碰撞。

(5) 智能制造系统内高压设备均需要安全接地，各机械臂的控制电路板额定电压均为 380V，严禁非专业人员带电作业。

(6) 智能制造系统内各工作站、辅助设备均需要进行日常点检与定期维护。

(7) 各设备出现故障时，需要联系专业人员进行检修，并做好故障记录。

(8) 智能制造系统内数控机床运行前，应检查液压系统、润滑系统是否正常；结束工作后，应清除切屑、擦拭机床，使机床与环境保持清洁状态。

(9) 激光焊接工作站运行前检查水冷系统是否正常，保持循环水洁净，及时更换滤芯与循环水；校准工装夹具的定位，避免机械臂抓取出现偏差。

(10) 智能制造系统内机器人组装工作站运行时，应避免出现“X-Y-Z 轴”机械爪夹伤、气动元件压伤；传送带需要定期校准，以保证运料准确无偏差。

(11) 智能制造系统内激光打标与视觉检测工作站运行时，避免眼睛直视激光或用身体触碰激光；保持用于视觉检测的摄影头的洁净，不能用手直接擦拭摄像头。

(12) 智能制造系统内立体仓库堆垛机器人工作站运行时，应防止“X-Y-Z 轴”机械爪夹伤；仓位保持整洁，保证传感器正常工作。

(13) 实验室应保持洁净少尘，环境温度为 0~40℃，相对湿度为 10%~70%。

(14) 智能制造系统实验室内严禁存放易燃、易爆物品。

3.9　综合与创新操作规程

(1) 参加综合与创新项目的学生必须是参加过金工实习且成绩合格的学生。

(2) 在车床或铣床等机床上加工零件时，必须有两名以上学生在场。

(3) 所有使用的材料都要分类保管，危险品应单独存放。

(4) 工作中的设备如有异常情况，应立即停止，保持现场，并报告指导老师。

(5) 工作完毕后，要清扫现场，整理资料并归档处理。

(6) 完成后的作品要及时交给指导老师并留名存档，不允许私自带走。

(7) 如有作品参加各类比赛，请及时登记并按时归还。

第4章
管理制度

4.1 工程训练实习守则

工程训练是金工专业学生必修的一门实践性技术基础课程，也是大学生在校内学习期间重要的工程训练环节之一。学生通过工程训练学习有关机械制造及电工电子的基础知识，培养工程实践能力，提高综合素质，培养创新意识和创新精神。

在工程训练中，学生应尊重指导教师，虚心学习；严格遵守中心安全管理条例及有关规章制度；严格遵守劳动纪律，加强组织纪律性；爱护国家财产；发扬团结互助精神；培养劳动观点和严谨的科学作风，认真、积极、全面地完成训练任务。

1. 遵守安全制度

(1) 学生在实习期间必须遵守中心的安全制度和各工种安全管理条例，听从安全员和指导教师的指导。

(2) 学生在实习时，不准穿凉鞋、拖鞋、高跟鞋以及戴围巾。女同学必须戴工作帽，不准穿裙子。

(3) 实习时必须按工种要求戴防护用品。

(4) 不准违章操作，未经允许，不准启动、扳动任何非自用的机床、设备、电器、工具、量具和附件等。

(5) 不准攀登吊车、墙梯和任何设备；不准在吊车吊运物体运行线上行走或停留；不准在教学区内追逐、打闹、喧哗和吸烟等。

(6) 操作时必须精神集中，不准与别人谈话，不准阅读书刊和收听广播。上课、操作时严禁接听手机。

(7) 对违反上述规定的要批评教育；不听从指导或多次违反的，要令其检查或暂停实习；情节严重和态度恶劣的，实习成绩不予通过，并报系、院给予行政处分。

2. 遵守组织纪律

(1) 严格遵守劳动纪律。上班时不得擅自离开工作场所，不能干私活及做其他与实习无关的事情。

(2) 学生必须严格遵守中心的考勤制度。实习中一般不准请事假，特殊情况需要请事假要经批准，并经指导教师允许后方可离开。

(3) 病假要持院医院证明及时请假，特殊情况(包括在院外生病)必须尽早补交正式的证明，否则按旷课处理(每天按 7 个学时计)。

(4) 实习期间不得迟到、早退。对迟到、早退者，除批评教育外，在评定实习成绩时要酌情扣分。

(5) 考试不准作弊。对考试作弊者，按学校有关规定严肃处理。

3. 其他要求

(1) 指导教师和实习指导人员布置的预习、复习教材内容以及思考题等，要认真完成。

(2) 必须按时完成实习报告，并按时交给指导教师批改，实习结束时以组为单位将实习报告交给最后工种指导老师。不认真做实习报告的，要重做；凡不做实习报告或未按要求做完的，不得参加最后的综合考试，不予评定实习总成绩。

(3) 尊敬教师，听从指导。如对教师有意见，可按级反映，不得在现场争吵。

4.2 学生实习考勤规定

(1) 学生实习必须按训练中心上下班考勤制度规定时间作息，遵守实习纪律，不迟到、不早退或无故缺勤。

(2) 学生实习期间，若生病请假需要医院开具证明，门诊请假一般不超过两小时。

(3) 一般不准请事假，如有特殊情况，需要院系开具证明，并由教务处批准，请事假必须事先办理请假手续，凡未经批准随意不到者，一律按旷课处理。

(4) 实习期间若遇全院性会议、考试或体育比赛等，必须持有学院教务处批准的证明，方可办理请假手续。

(5) 实习迟到、早退 15 分钟以上按旷课处理，迟到、早退三次为旷课一次，旷课一次扣 3 个学时，旷课三次取消实习资格。

(6) 由于缺勤和违章操作而出现安全事故，实习成绩判定为不及格，并且不予补实习。

4.3 计算机房管理规定

(1) 实习所用计算机仅作为学生进行程序编制、CAD 设计、资料查询等之用。

(2) 进入机房，保持机房整洁环境，不得带任何食物入内，不得乱扔纸屑等杂物。

(3) 严禁在计算机上执行任何与实习无关的操作。

(4) 不得擅自更改和删除计算机中的内容，严禁设置各种密码口令。

(5) 如遇计算机出现死机等异常情况，应立即报请指导老师修复，不得擅自维修。

(6) 严禁使用自带的光盘进行拷贝等操作。

(7) 严禁私自打开计算机主机箱。

(8) 学生按指定机位就座，未经许可不得私自调换座位。

(9) 实习所用之模拟软件涉及知识版权，严禁拷贝和编译。

4.4　多媒体教室管理制度

(1) 多媒体教室应有专人负责日常管理。

(2) 指导教师每次在管理人员处进行登记后方可使用多媒体教室，未经许可不得擅自使用。

(3) 指导教师应认真按照多媒体教室的各项管理要求使用多媒体设备。

(4) 使用计算机上课的教师请勿在计算机内部设置密码。

(5) 指导教师使用完多媒体教室后，需要认真填写设备使用情况记录表。

(6) 未经管理人员、指导教师同意，学生不得随意移动电教设备。

(7) 爱护教室内的公共物品，不在墙面、桌面乱写乱画。

(8) 未经管理人员允许，不得将多媒体教室的桌椅搬到其他教室。

(9) 每天指导教师在使用完多媒体教室后，管理人员需要及时打扫，保持室内卫生，以便下次使用。

(10) 多媒体教室仅供教学使用，谢绝其他活动。

4.5　培训教室管理规定

(1) 严格遵守课堂纪律，上课时要认真听讲，保持室内安静；禁止上课时间在教室接听、拨打手机。

(2) 保持卫生清洁，不准吃零食；禁止随地吐痰，不得乱扔果皮、乱抛杂物。

(3) 教室内严禁吸烟，严禁携带易燃、易爆品进入室内，防止各类事故的发生。

(4) 爱护公物，未经教师、管理人员的许可不得擅自调整桌椅的位置、结构。

(5) 损坏物品要照价赔偿；对故意破坏公物的学生，按情节轻重，给予相应处理。

(6) 禁止任何人员利用本教室设备执行与本中心教学、科研无关的活动。

(7) 教室管理人员、上课的教师、办公室管理人员均有责任指导学生合理地使用教室。结束后，教师要认真进行检查，关闭电源门窗，杜绝各类事故的发生。

(8) 教师要如实、认真填写“教室使用情况登记表”。教室管理人员应定期进行环境、设备的清洁与维护。

4.6　学生工作服借用规定

(1) 为保证实习教学安全、有序进行，特制定本规定。

(2) 学生工作服由各班长统计好型号和数量后，统一到指定地方领用。

(3) 学生须保证工作服整洁完整，如有破损按原价赔偿。

(4) 学生不准在工作服上乱写乱画，否则将按原价赔偿。

(5) 学生在实习结束后的下周，务必将工作服洗干净，送交班长，由班长统一交还。

4.7 工具、卡具、量具使用规定

(1) 为保证实习教学的顺利进行，特制定本规定。

(2) 学生在实习期间内，所使用的工具、卡具、量具均需要到规定的地方借用，并当面清点好，一旦交接完成，学生自己应负责保管好。

(3) 学生借用的工具、卡具、量具用后要及时归还，本次实习结束不归还或遗失者，由实习指导人员造册，报告给工程训练中心办公室，由工程训练中心办公室通知财务处按原价扣款。

4.8 安全用电制度

(1) 安全用电，人人有责。自觉遵守安全用电规章制度，维护学校的用电设施，是每一个师生的权利和义务。

(2) 安装、维修应找电工，维修要拉电闸，并挂牌警示，必要时专人看守。

(3) 禁止非专业人员私自开启配电箱。

(4) 每台生产设备应设专人负责，开机送电前，要检查所开设备是否正常。

(5) 设备使用完毕、长期不用或下班时，要断开电源开关。

(6) 禁止在电线上悬挂任何物品。

(7) 按安全消防规定，有防静电接地夹的设备，使用前一定要夹上接地夹才能开机，使用者要经常检查接地夹两端接触金属的情况。

(8) 电线断落不要靠近，要派人看守，并及时找电工处理。

(9) 不准用手触摸灯头、插座及其他电器的金属外壳，有损坏、老化、漏电的现象要及时找电工修理或更换。

(10) 发现电线短路起火时，要先切断附近的总电源，不准用水泼。

(11) 严禁私接电线及电器，不得使用大功率电器烧水、取暖。

4.9 行车安全操作规程

(1) 行车应由持操作证的人员操作，操作时应集中精力。

(2) 每班运行前进行一次空载试验，检查各部位有无缺陷，安全装置是否灵敏可靠。

(3) 工作停歇时，不得将起重物悬在空中停留，行车运行时，应先鸣信号，禁止吊物从人头上空驶过。

(4) 吊物接近额定负荷时，应先进行试吊，即在距地面不太高的空中起落一次，以检查制动系统是否可靠。

(5) 当行车发生危险时，无论何人发出紧急停车信号，均须停车。

(6) 检修天车应停靠在安全地点，切断电源并挂上“禁止合闸”的警示牌。地面要设围栏和“禁止通行”标志。

(7) 夜间作业时，应有充足的照明。

(8) 运行中突然发生停电，必须将开关手柄放置到“0”位，起吊件未放下或索具脱钩，不准离开驾驶室。

(9) 工作完毕，行车应停在规定位置，升起吊钩，小车开到轨道两端，并将控制手柄放置到“0”位，切断电源。

(10) 要经常检查起吊工具，确保完好可靠，并要妥善保管，不准随地乱丢，不准超负荷使用。

(11) 捆绑吊物时，绳索夹角要适当，不得大于 120°。遇特殊起吊件时应使用专用工具。

(12) 吊运较高大物件时，重心要平稳，防止倒下伤人。

4.10　安全卫生制度

(1) 工程训练中心是教学、科研、生产基地，所有人员都应遵守安全卫生制度，做到人人讲文明、讲礼貌、讲师德，把工程训练中心建设成精神文明基地。

(2) 严格门卫制度，所有员工和实训的学生须持出入证进入中心区。校外人员进入训练中心参观、联系工作者，必须按规定履行登记手续，经有关部门批准方可进入。中心区域内除值班人员外，不准任何人员留宿。

(3) 工程训练中心负责对参加实训的学生进行安全教育，全体教师和指导人员必须遵守工程训练中心各项安全管理条例和仪器设备管理制度，必须以高度的责任感对学生安全负责，防止发生重大人身责任事故和设备事故。

(4) 工程训练中心的安防系统、设备消防器材，必须定期检查，确保器材处于良好使用状态。

(5) 实训中一旦发生事故，除立即组织抢救处理外，必须按规定立即上报，并保护好现场。如果对重大事故拖延上报或隐瞒不报，将追究部门负责人的行政责任。

(6) 工程训练中心若发生火灾、盗窃等责任事故，并造成较大损失，如属个人责任，将视事故的轻重，在经济上或行政上给予相应处分。事故严重者，将依法追究刑事责任。

(7) 参加实训的学生以及本中心工作人员，必须有安全卫生意识，遵守工程训练中心各项安全守则，不准喧哗，不准乱扔杂物，保持环境卫生，不准做与实训无关的事情。实训区内严禁吸烟，违反者将按学校相关规定处分。

(8) 每位员工必须为本人责任区域内的清洁卫生工作负责，保证做到整洁、美观，并注意保持中心环境卫生。

(9) 工程训练中心办公室负责本中心的安全卫生督察工作，各部门负责人为安全卫生工作的责任人，并将安全卫生工作要求落实到每位教职员工。

4.11　消防安全守则

(1) 各实训教学区的消防设备和器材，要由该实训教学区指定的消防员保管，并经常检查，确保器材处于良好的使用状态。

(2) 泡沫灭火器应放在牢固、可靠且取用方便的地方。二氧化碳灭火器专门用于配电盘的灭火和电石仓库的灭火。电气和电石仓库若发生火灾，严禁用水或泡沫灭火器灭火。

(3) 车间内禁止吸烟，禁止任何烟火。发生火灾时，首先断开电源。

(4) 加工易燃性工件，应提前通知该车间消防员。对特殊危险性工件的加工，应上报中心和实训部主任，经中心和实训部主任同意后方可开始工作。

(5) 铸、锻、焊及热加工实训部工作人员在每日下班前应熄灭所有火种，对实训区仔细检查一遍。

(6) 发生火警或爆炸事故，立即通知保卫处消防机关，并按规定立即上报，且保护好现场；对重大事故拖延上报或隐瞒不报，将追究相关部门负责人的责任。

第Ⅱ篇

传统制造实习

第 5 章 钳工实习

5.1 实习目的

钳工用虎钳等手工工具和一些机械工具完成零件的加工，部件、机器的装配和调试，以及机械设备的维护与修理等。

钳工作业比较复杂、细致，技术要求高、实践性强。基本工艺包括：零件测量、划线、錾削、锯削、锉削、钻孔、扩孔、铰孔、锪孔、攻螺纹、套螺纹、刮削、研磨、矫直、弯曲、铆接、钣金下料、装配以及简单热处理等。钳工作业在机械制造及修理工作中起着十分重要的作用：完成加工前的准备工作，如毛坯表面的清理、在工件上划线(单件小批生产时)等；某些精密零件的加工，如制作样板及工具、夹具、量具、模具用的有关零件，刮削、研磨零件表面；产品的组装、调整试车及设备的维修；零件在装配前进行的钻孔、铰孔、攻螺纹、套螺纹及装配时对零件的修整等；单件、小批生产中某些普通零件的加工。一些不能用机械设备加工或不适合用机械加工的零件，也常由钳工完成。

主要工艺特点是：工具简单，制造、刃磨方便；大部分是手持工具进行操作。加工灵活、方便；能完成机器加工不方便或难以完成的工作；劳动强度大、生产率低，对工人技术水平要求较高。与机械加工相比，劳动强度大、生产效率低，但有时可以完成机械加工不便加工或难以完成的工作，因此在机械制造和修配工作中仍是不可缺少的重要工种。

钳工的技术内容包括图纸工艺分析、划线、工件安装定位、工具选择、刀具安装、锯削、锉削、钻孔、螺纹加工、装配、加工工艺路线、测量等多个环节。通过本实习教学环节，培养学生刻苦钻研、勇于探索的创新精神和动手操作能力。加深学生对钳工加工过程的理解，熟悉基本加工工艺过程，以便在今后单件小批量产品开发与试制过程中能够运用钳工加工技术。

5.2 安全操作规程

1. 进入钳工实训室前，请穿好工作服，袖口要扎紧。女生戴工作帽，把头发或辫子全部塞入帽内，不穿拖鞋、凉鞋、高跟鞋、裙子、短裤、背心进入实训室。操作机床时，不允许戴手套。

2. 进入钳工实训室后，应保持实训室环境整洁，不得带任何食物入内，不得乱扔纸屑等杂物，不要在操作区域周围放置障碍物，工作空间应便于操作。

3. 使用手锯、锉刀等手工工具时要精神集中，工件一定要装夹牢固，铁屑不得用嘴吹、手摸，应使用专用工具清扫。使用手锤严禁戴手套，手柄不得有油渍，锤头装有背楔。

4. 使用钻床前应检查各部位是否正常、完好！用完后将电源关闭。

钻头和工件要装夹牢固，装卸钻头要用专门钥匙，不得敲击，变速时必须停车。操作时严禁戴手套，女生戴好工作帽，袖口要扎紧，工件要垫平夹牢。

不准用手摸旋转的钻头和其他运动部件，钻床未停稳，禁止用手制动，变速时必须停车。铁屑清除不准用手直接处理，需要用专用工具或毛刷清除。小工件钻孔要将工件夹紧，禁止用手拿着工件加工。钻孔排屑困难时，进钻和退钻应反复交替进行。钻床使用结束，要关闭电源，清扫机床，保持良好的工作环境。

5. 使用油类和易燃物时，要严禁烟火，工作完毕后及时清理现场。

5.3 实习内容与要求

1. 实习内容

现场讲授钳工工艺、工件划线、锯削与锉削方法、钻床种类型号、组成部分及用途、台式钻床的基本操作、钻孔、攻螺纹、工件安装定位、减速箱装配与拆装等。使用虎钳与工具向学生演示一个简单零件的划线、加工、测量等加工制造的整个过程。

2. 实习要求

(1) 按照学生人数及桌虎钳分组进行，每组 1~2 人。

(2) 实习前要求学生预习教材与实习指导书，并通过对工程训练中心各类学习平台的了解，对实习项目有基本了解和认知。

(3) 钳工实习过程中，所加工的工件一定要严格按照工艺流程、图纸要求、操作步骤方可进行。掌握划线、锯削、锉削、钻孔、攻螺纹和套螺纹的方法和应用。掌握钳工常用工具、量具的使用方法，能按照实训图纸独立完成钳工工件的制作，具有装卸简单部件的能力。

(4) 整个实习过程必须按照实习操作规程进行，按时完成实习内容和实习报告。

(5) 不经实习老师许可，不得随意动用机床设备。

5.4 实习步骤

1. 学生对钳工实习项目有基本了解和认知

能看懂简单工件图纸及进行工艺分析；了解钳工常用工具、量具、划线的使用方法；了解钻床组成部分、用途及加工范围；了解加工工件表面刀具的选择；了解简单工件的加工过程。

2. 了解机械部件装配的基本知识

注意，以上两步可要求学生在实习前完成。

3. 划线

(1) 划线的作用和种类

① 划线的作用是在工件毛坯或半成品上按图样要求的尺寸划出加工界线。

② 划线分平面划线和立体划线两类。

(2) 划线工具

常用的划线工具有平板、方箱、V 形架、划针、划规、游标高度尺、样冲等。

(3) 划线基准及其选择

① 划线时须在工件上选择一个或几个面(或线)作为划线的依据，这样的面(或线)称为划线基准。

② 划线基准的选择通常应选择图样上的设计基准作为划线基准。

(4) 划线步骤与操作

① 平面划线与几何作图相同。

② 立体划线。

研究图样，检查毛坯是否合格，确定划线基准；清除毛坯上的氧化皮和毛刺，在划线部位涂上涂料；支承、找正工件；划出各水平线与加工线；检查划线是否正确后，打样冲眼。

4. 锯削

(1) 手锯

锯削是用手锯切断金属材料或在工件上锯出窄缝的操作。所用工具称为手锯，手锯由锯弓和锯条组成。

① 锯弓的作用是安装和张紧锯条。锯弓分固定式和可调式两种。

② 锯条用碳素工具钢制成，并经淬火处理。

③ 锯条安装时需要前后平直，锯齿朝前，锯条松紧要适当，过松或过紧均易在锯切时折断。

(2) 锯削操作

① 工件装夹应牢固可靠。

② 锯削时要掌握好起锯、锯削压力、速度和往复长度。

5. 锉削

锉削是用锉刀对工件表面进行切削加工的操作。它可以加工平面、曲面、型孔、沟槽、内外倒角等。锉削后的表面粗糙度值可达 Ra 1.6μm~0.8μm，多用于錾削、锯切后的精加工，是钳工最基本的工序。

(1) 锉刀

① 锉刀由锉面、锉边和锉柄组成。

② 锉刀由碳素工具钢制成(T12 或 T13)，淬火后硬度 62~67HRC。

(2) 锉削操作

① 工件装夹应牢固可靠。

② 锉削方法包括锉刀握法、锉削力的运用和锉削方式。

6. 钻孔

钻孔是用钻头在实体材料上加工孔的方法。在钻床上钻孔、工件固定不动，钻头既旋转完成主运动，又同时向下轴移动完成进给运动。

钻孔加工尺寸精度为IT14~IT11，表面粗糙度值为Ra 50μm ~12.5μm。

(1) 钻头是常用的孔加工刀具，由高速钢制成。其结构由柄部和工作部分组成。

(2) 钻头装夹过程中，直柄钻头通常用钻卡头装夹，锥柄钻头可通过合适的过渡套筒，再将过渡套筒装入主轴锥孔。

(3) 钻孔操作。

① 工件装夹应牢固可靠。

② 钻尖对准样冲眼，开始钻削时要用较大的力向下进给(手动进给时)，避免钻尖在工件表面晃动而不能切入；快要钻透时应逐渐减小压力。孔较深时要经常退出钻头排除切屑，否则会因切屑堵塞孔内而卡断钻头。主轴转速依据孔径大小、工件材料等而定。

7. 攻螺纹与套螺纹

(1) 攻螺纹

① 攻螺纹使用丝锥加工内螺纹。丝锥由高速钢或碳素工具钢制成，是攻螺纹的标准刀具。

② 攻螺纹操作过程中，工件装夹应牢固可靠；计算并加工好底孔直径，将铰杠与丝锥配套使用，注意用力大小。经常检查丝锥与孔端面是否垂直。

(2) 套螺纹

① 套螺纹使用板牙加工外螺纹。板牙由高速钢或碳素工具钢制成，是套螺纹的标准刀具。

② 套螺纹操作过程中，工件装夹应牢固可靠；计算并加工好圆杆直径，将板牙架与板牙配套使用，注意用力大小。经常检查板牙与圆杆是否垂直。

8. 装配

装配是将合格的零件按装配工艺组装起来，并经调试使之成为合格产品的过程。它是产品制造过程中的最后环节。实践中常有这样的实例：组成产品的零件加工质量很好，但整机却是不合格品，其原因就是装配工艺不合理或装配操作不正确。

装配的组合形式及其一般步骤如下：

(1) 装配分为组件装配、部件装配和总装配。

(2) 组件装配是将若干个零件及分组件安装在一个基础零件上构成一个组件。

(3) 部件装配是将若干个零件、组件安装在另一个基础零件上构成一个部件。

5.5　钳工实习常用设备简介

钳工常用设备是钳工工作台、台虎钳、台式钻床等。

(1) 钳工工作台，多由铸铁或坚实的木材制成，如图 5-1 所示。

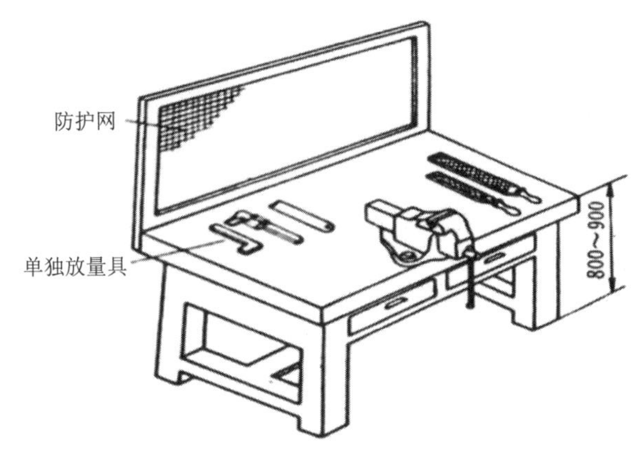

图 5-1　钳工工作台外观图

(2) 台虎钳，夹持工件的主要工具。如图 5-2 所示。

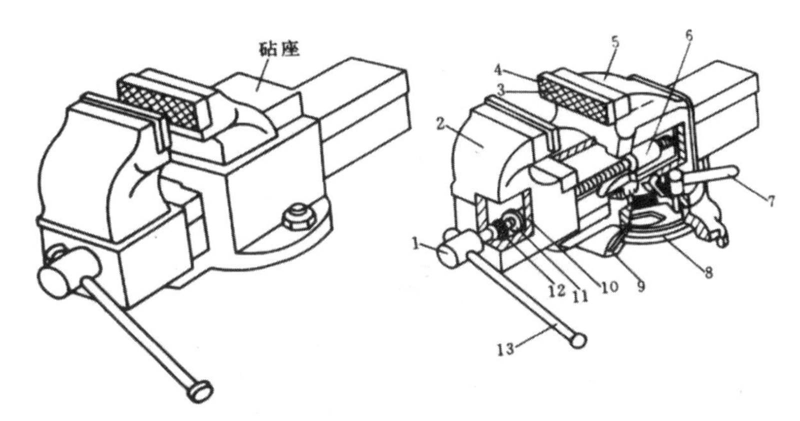

(a) 固定式台虎钳　　(b) 回转式台虎钳

序号	名称	序号	名称
1	丝杆	8	夹紧盘
2	活动钳身	9	转座
3	螺钉	10	销
4	钳口	11	挡圈
5	固定钳身	12	弹簧
6	螺母	13	手柄
7	手柄		

图 5-2　台虎钳外观图

(3) 台式钻床，用来加工小型工件的孔。如图 5-3 所示。

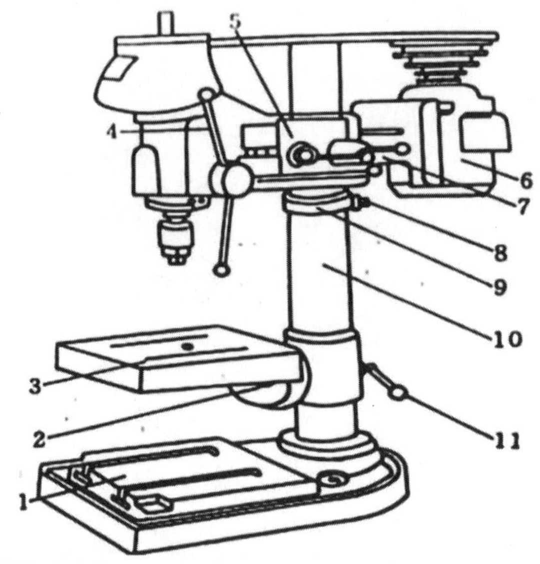

序号	名称	序号	名称
1	底座	7	锁紧手柄
2	锁紧螺钉	8	锁紧螺钉
3	工作台	9	定位环
4	手柄	10	立柱
5	主轴架	11	锁紧手柄
6	电动机		

图 5-3　台式钻床外观图

5.6　实习报告

根据实习内容和实习过程，书写实习报告；其内容包括：了解钳工工艺及加工范围，划线步骤与意义，加工表面刀具的选择，钻床结构与种类等。

一、填空题(24 分)(注：请同学们预习完成)

1. 常用的划线基准工具有＿＿＿＿＿＿＿，度量工具有＿＿＿＿＿＿＿＿＿＿等，直接绘画工具有＿＿＿＿＿＿＿＿＿＿＿＿＿＿＿等。

2. 锯齿的粗细，是按锯条上每＿＿＿＿＿长度内的齿数表示的，＿＿＿＿＿为粗齿，＿＿＿＿＿为中齿，＿＿＿＿＿为细齿。

3. 锉削窄长平面和修整尺寸时，可选用＿＿＿＿＿＿。

4. 标出图示麻花钻切削部分的名称：

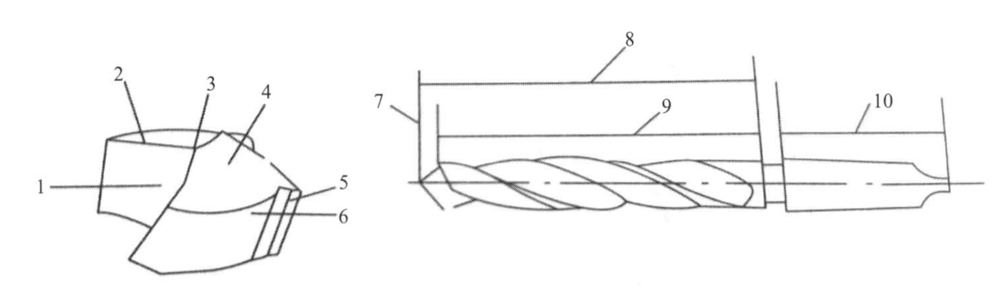

序号	名称	序号	名称
1		6	
2		7	
3		8	
4		9	
5		10	

5. 螺纹底孔直径经验计算公式是：
钢料及韧性(塑性)材料为＿＿＿＿＿＿＿＿＿＿＿＿＿＿。
铸铁及脆性(硬性)材料为＿＿＿＿＿＿＿＿＿＿＿＿＿＿。

6. 攻盲孔时钻孔深度经验计算公式是：
钻孔深度=＿＿＿＿＿＿＿＿＿＿＿＿＿＿＿。

7. 常用钻床有＿＿＿＿＿＿＿＿、＿＿＿＿＿＿＿＿＿＿、＿＿＿＿＿＿＿＿＿＿。

二、问答题(36 分)

1. 说明实训操作件锯切过程中选用锯条及安装锯条、起锯时需要注意的事项。

2. 说明实训操作件锉削过程中选用的锉刀、锉削方法及所用的检验器具名称与检验方法。

三、按照实际加工过程填写实习加工工艺(40 分)

1. 填空题。

作业名称		毛坯及半成品		材料	

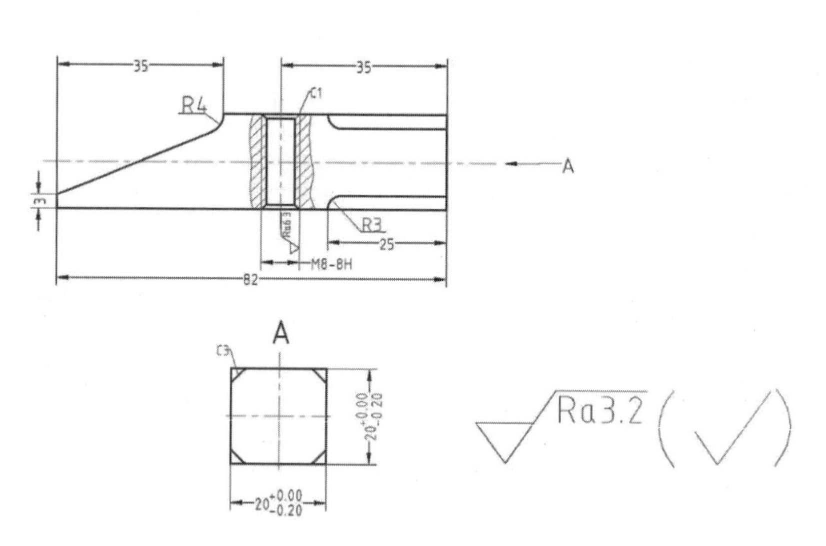

2. 填写操作步骤及设备、工具、量具、刀具、夹具。

序号	操作步骤	设备、工具、量具、刀具、夹具

四、附加题(30 分)(注：此部分题对于参加三周或者四周实习的同学为必做题，参加一周或者两周实习的不做要求)

1. 何种情况下钻头易被折断？如何避免？

2. 试述减速箱的拆卸与安装过程中应注意什么问题？

评分：____________指导老师：____________时间：____________

第6章 铸造实习

6.1 实习目的

铸造是将熔化后的合格金属液浇注到铸型中，待其冷却后得到我们所需要的满足一定性能要求的毛坯制作方法。铸造是机械制造的重要加工方法之一，主要用于生产各类机械零件(尤其是具有复杂外形和内腔的零件)的毛坯。

1. 认识铸造成型对于机械制造的重要作用。
2. 了解铸造的基本知识，扩大视野，对于专业课的学习有较大的促进和理解。
3. 了解砂型铸造的基本工序并掌握操作技能。
4. 了解和掌握常用造型工具的正确使用方法，熟悉工艺装备、造型材料，了解金属材料铸造合金的特性及熔炼与浇注等。
5. 了解砂箱造型的多种形式和造型方法的选择，以及砂型(芯)的作用，掌握手工造型(芯)方法。
6. 熟悉砂型铸造生产基本条件。
7. 能根据模样及图纸制造简单毛坯。

6.2 实习注意事项

1. 遵守《学生实习手册》，实习时穿戴好劳动保护品，保持工作场地整洁。
2. 铸造生产工序繁多，技术复杂，安全事故较一般企业机器制造车间多，如爆炸、烫伤喷射等，以及由于高温、粉尘等存在引起的不适。
3. 集体操作时，要注重配合，互相督促，独立操作，其他人站远些。
4. 工作区不乱摆乱放，禁止过道及角落放置任何物品，道路要通畅，场地要整洁。
5. 造型时注意通气针及型砂中的铝刺和杂质伤人，造型不准用嘴吹。
6. 抹箱时型砂应过筛，以免异物伤人及影响造型。
7. 扣箱和翻箱时动作要协调一致，不得在砂箱悬挂的情况下修型。
8. 为保证铸件质量，要坚持“五不浇”原则：没压箱不浇、没埋箱(包抹箱)不浇、没打渣不浇、温度低不浇、金属液量不够不浇。

9. 开炉前做好一切准备工作，挡渣勺、浇包要烘干预热，检修完好。

10. 液态金属跑火禁止用手堵，浇注要仔细，不慌乱。

11. 浇注人员不能将头部对准浇口和冒口，不参加浇注的同学应远离熔炼炉，听从指挥。

12. 不可用手、脚接触未冷却铸件，清理时注意周边环境，以免伤人。

13. 浇注剩余材料一定要倒在干燥合适的地方。

6.3　手工造型基本过程及技术要点

1. 基本过程

① 安放模样和砂箱；②填砂和舂砂；③修整和翻型；④修整分型面；⑤放置上砂箱；⑥填砂和舂砂；⑦修型和开型；⑧修整分型面；⑨起模；⑩合型等待浇注。

2. 技术要点

(1) 造型前，要准备好造型工具，根据铸件选择合适的砂箱，擦净模样，配制好型砂(原砂85%、黏结剂5%、附加材料5%、水5%～7%)。

(2) 摆放好模样，注意起模斜度的方向。

(3) 开始填砂前，要先用手按住模样，保证模样距离砂箱30mm以上，并用手将模样周围的型砂塞紧，防止模样发生位移；如果砂箱较高，型砂应分几次填入。

(4) 塞砂时，舂砂锤按一定路线均匀行进，用力要适当，紧实(1.5～1.6g/cm^3)，并注意舂砂锤不能撞击模样。

(5) 下型做好后，必须在分型面上均匀撒一层无黏性的分型砂(干砂)，然后造上砂型；

(6) 上砂型做好刮砂后，应在砂型上方均匀地扎好通气孔，直径为2～8mm，密度为每平方分米4～5个。

(7) 浇口杯(外浇口)的表面要修光，与直浇口的连接处应修成光滑过渡表面。

6.4　铸造工艺和特种铸造

6.4.1　基本术语

铸造工艺规程：种类和内容可根据铸造实习情况确定，常见的有：①配砂工艺；②造型工艺；③制芯工艺；④烘干工艺；⑤合型工艺；⑥熔炼工艺；⑦浇注工艺；⑧落砂工艺；⑨清砂工艺；⑩铸件清理工艺；⑪铸件补焊工艺；⑫铸件热处理工艺等。

铸型装配图：是根据铸造工艺图绘制的，它表明经装配合型后铸型的结构，是生产准备、合型、检验、工艺调整的依据。

分型面：铸型组元间的接合面。

分模面：模样组元间的接合面。

模样：由木材或其他材料制成，满足一定性能要求，用来形成铸型型腔的工艺装备。

零件：铸件经切削加工后制成的金属件。

芯盒：制造砂型或其他耐火材料所用的工艺装备。

6.4.2　铸造工艺参数

1. 分型面在多数情况下与分模面一致。

分型面的选择原则：应尽量使铸件位于同一铸型内；尽量减少分型面；尽量使分型面平直；尽量使型腔和主要型芯位于下型。

2. 起模斜度。

为方便取模，在垂直分型面的立壁上作出的斜度。一般取 0.5°~4°。

3. 加工余量。

切削加工时，将铸件待加工表面多余金属通过加工方法去掉，获得设计要求的加工表面；零件表面预留的金属层厚度称为加工余量，其数值如下表所示。

材料尺寸	小件<400 mm	中件 400~800mm	大件>800mm	不铸出孔的直径
灰铸铁	3~4mm	5~10mm	10~20mm	<25mm
铸钢	4~5mm	6~15mm	15~25mm	<35mm

4. 铸造圆角。

防止应力集中，一般中、小件圆角半径可取 3~5 mm。

5. 收缩率。

金属冷却的作用是防止缺陷，方便造型壁与壁之间连接处圆角过渡。灰铸铁收缩率为 1%、铸钢收缩率为 2%、铸铝收缩率为 1.5%、铸铜收缩率为 1.5%。

6. 型芯头。

需要铸孔时，模型上设计用来安放和固定型芯的部分。

6.4.3　特种铸造

特种铸造指与普通砂型铸造有明显区别的其他铸造方法，如金属型铸造、陶瓷型铸造、石膏型铸造、离心铸造、压力铸造、熔模铸造、消失模铸造、3D 金属堆叠快速成型铸造等。特种铸造有劳动生产率和成品率高、劳动条件好、铸造精度高、成本低等优点。

6.5　实习报告

一、填空题(20 分)

1. 手工造型的方法主要有________、________、________、________等。

2. 手工造型工具主要有________、________、________等。

3. 型(芯)砂通常由________、________、________、________按一定比例组成。

4. 分模造型的主要特点是____________，模样的分模面与铸型分型面一致。

5. 常用的铸造合金有______、______、________、________等。

6. 型芯的作用是______________________。

7. 冲天炉主要由____________炉和________________系统等几部分组成，炉料有__________________；一般铁焦比为 8:1~12:1。

二、简答题(40 分)

1. 根据下图说明砂型铸造的基本过程。

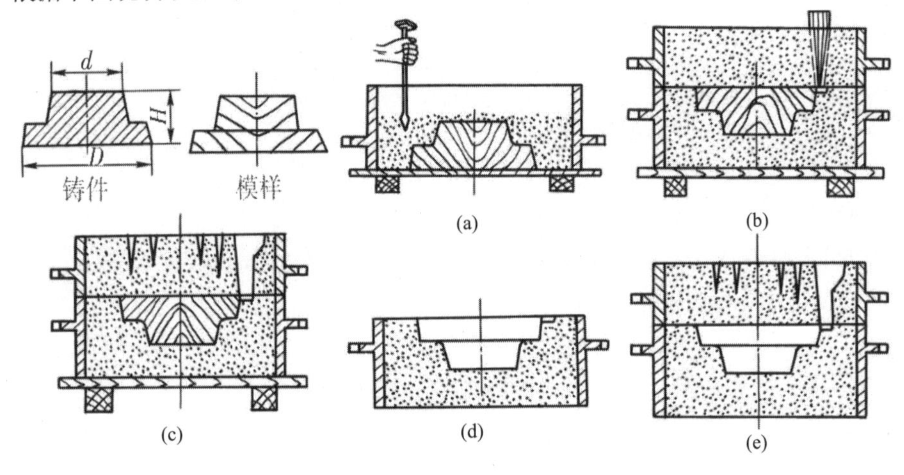

2. 填写下图所示铸型装配图上所指部位的名称。

1________；2________；3________；

4________；5________；6________；

7________；8________；9________；

10________；11________；12________。

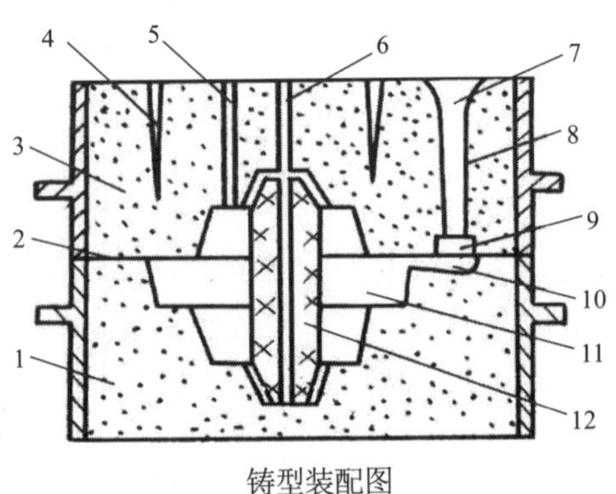

铸型装配图

3. 请指出下图中浇注系统各部分的名称，并说明其作用。

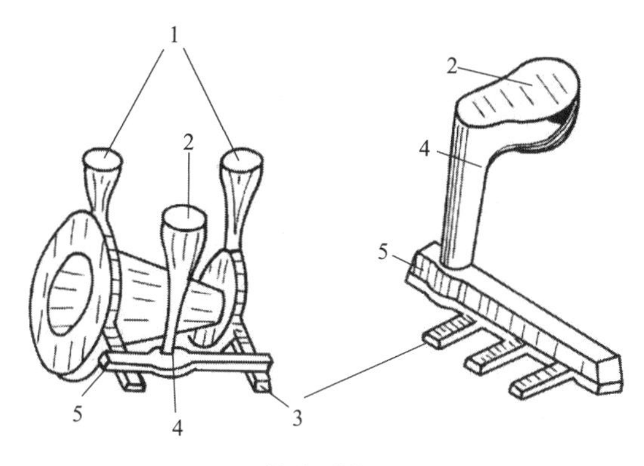

浇注系统

1________，作用是____。

2________，作用是____。

3________，作用是____。

4________，作用是____。

5________，作用是____。

三、按实际制作过程填写实习加工工艺(40 分)

作业名称		毛坯及半成品		材料	

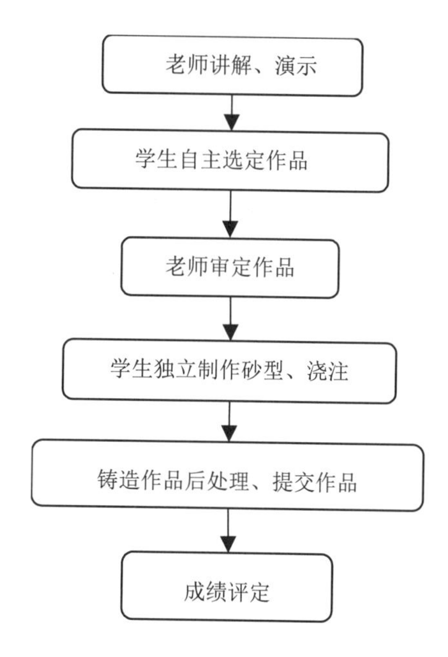

序号	操作步骤	软件、设备、工量具

四、附加题 (对于铸造实习的时间是两天的同学为必做题，铸造实习的时间是一天的同学不做要求)

请问模样、铸件、零件之间有哪些区别？

评分：____________________指导老师：____________________时间：____________________

第7章

普通车削实习

7.1 实习目的

在金属切削加工的各个工种中，车削加工是最基本、最常见的切削方式，无论是大批量生产，还是单件小批量生产，以及在机械维修方面，都占据重要的地位。普通车削加工时，操作者按照图纸要求及制定的加工工艺，手动操作机床，对机械零件进行加工。车床是普通车床的简称。车削加工是在普通车床上利用工件的旋转运动和刀具的移动来改变毛坯的形状与尺寸，将其加工成所需零件的一种切削加工方法。其中，工件的旋转是主运动，刀具的直线或曲线运动为进给运动。

车床主要用于加工轴套类、盘盖类等回转体零件。通过操作者手动操作机床，可完成内外圆柱面、圆锥面、曲面、螺纹和端面等工序的切削加工，并能进行车槽、钻孔、扩孔、铰孔、滚花、切断等工作。因机械加工中带回转体表面的零件所占比例较大，车床应用最广泛，约占机床总数的50%。车床既可用车刀对工件进行车削加工，又可在车床上加上各类附件和夹具进行磨削、研磨、抛光等加工。车削加工的技术内容包括图纸工艺分析、工件装夹定位、刀具选择、刀具安装、试切削、加工工艺路线、测量等多个环节。通过本实习教学环节，培养学生刻苦钻研、勇于探索的创新精神和动手操作能力。加深学生对车削加工技术原理的理解，熟悉车削的基本加工工艺过程，以便能在今后单件小批量产品开发和制造过程中应用车削加工技术。

7.2 安全注意事项

1. 进入车削实训室前，请穿好工作服，袖口要扎紧。女生戴工作帽，把头发或辫子全部塞入帽内，不穿拖鞋、凉鞋、高跟鞋、裙子、短裤、背心进入实训室。操作车床时，不允许戴手套。

2. 进入车削实训室后，应保持实训室环境整洁，不得带任何食物入内，不得乱扔纸屑等杂物，不要在车床周围放置障碍物，工作空间应便于操作。

3. 车床使用前，应检查车床各个手柄的位置是否到位。确认正常后才准许启动车床。车床使用者应熟悉机床操作规程。

4. 车床使用中，不允许两人或多人同时操作机床，只能一人操作。要注意他人的安全。切削加工时，头不能离工件太近，以防铁屑飞入眼睛，如果铁屑细而飞散， 则必须戴上防护目镜。工件和车刀必须装夹牢固，以免飞出伤人。不可用手去直接清除铁屑。严禁开车变换车床的主轴转速，以防损坏车床。小刀架应调整到合适位置，以防小刀架导轨碰撞卡盘。自动纵向或横向进给时，严禁大拖板或中拖板超过极限位置，以防拖板脱落或碰撞卡盘。加工过程中，如出现异常危机情况应立即关闭机床电源，以确保人身和设备的安全，并及时报告指导老师。车床使用过程中应全程守在设备旁，严禁做与机床操作无关的事情。

5. 工件装夹过程中，卡盘扳手使用完毕后应及时取下来，避免飞出伤人及损坏机床。机床使用者的手和身体不能靠近旋转的工件或机床运动部件，以免受到伤害。零件加工完成，机床停止后，方可进行零件测量及下一个零件的加工工作。

6. 机床使用结束后，关闭电源，清扫机床，加油润滑，保持良好的工作环境。

7.3　实习内容与要求

1. 实习内容

现场讲授车床种类型号、组成部分及用途、卧式车床的基本操作、车刀主要角度及作用、车刀安装、工件安装定位、对刀试切方法与步骤、车削常见表面加工(外圆、端面、圆锥、钻孔、切槽、滚花、螺纹等表面)、典型零件的车削工艺等。使用沈阳机床股份有限公司 C6132A 车床向学生演示一个简单零件的装夹、对刀试切与加工、零件测量等加工制造的整个过程。

2. 实习要求

(1) 根据零件图纸的复杂程度，学生人数及机床分组进行，每台机床为一组，每组 2~3 人。

(2) 实习前要求学生预习教材与实习指导书，并通过对工程训练中心各类学习平台的了解，对实习项目有基本的认知。

(3) 车削加工中，手动车削加工的零件一定要严格按照工艺流程、工艺参数方可进行操作。

(4) 每组可推荐一名动手能力强的学生代表在实习教师指导下进行实习，完成操作。

(5) 整个实习过程必须按照实习操作规程进行，按时完成实习内容和实习报告。

(6) 不经实习教师许可，不得随意动用机床设备。

7.4　实习步骤

1. 学生对车削实习项目有基本了解和认知。

能看懂简单轴类零件图纸及工艺分析；了解车床组成部分、用途及加工范围；能选择零件加工表面刀具；了解刀具的安装并能调整刀具高度；了解试切削方法与操作；了解简单轴类零件的加工过程。

2. 零件加工过程中，切削用量的选择。

注意，以上两步可要求学生在实习前完成。

3. 车床的组成部分名称及其作用。

(1) 主轴箱：又称床头箱，内装主轴和变速机构。

(2) 进给箱：又称走刀箱，它是进给运动的变速机构。

(3) 变速箱：安装在车床前床脚的内腔中，并由电动机通过联轴器直接驱动变速箱中的齿轮传动轴。

(4) 溜板箱：又称拖板箱，溜板箱是进给运动的操纵机构。

(5) 刀架：用来装夹车刀，并可作纵向、横向及斜向运动。

(6) 尾座：用于安装后顶尖，以支持较长工件进行加工，或安装钻头、铰刀等刀具进行孔加工。

(7) 光杠与丝杠：分别用于自动进给时传递动力和加工螺纹。

(8) 床身：是车床的基础件，用来连接各主要部件并保证各部件在运动时有正确的相对位置。

(9) 操纵杆：是车床的控制机构，在操纵杆左端和拖板箱右侧各装有一个手柄。

4. 车床的维护保养。

(1) 擦洗机床外表，保证表面无黄袍、油迹、铁屑、杂物。

(2) 擦洗轨道、丝杠、操作杆。

5. 工件的装夹及注意事项。

工件安装夹具是三爪自定心卡盘。装夹时，毛坯上的飞边凸台(面)应避开卡盘的三爪位置。毛坯外圆应尽可能深夹，夹持长度不得小于 30mm，不宜夹持材料细小而有明显锥度的毛坯外圆面。工件必须装正夹牢，先轻轻夹紧工件，低速开车检验，若有偏摆应停车校正，再紧固工件。在满足加工要求的情况下，尽量减少伸出长度，以免工件被车刀顶弯、顶落造成安全事故。

6. 刀具的装夹及注意事项。

(1) 车刀刀尖应与工件轴线等高：如果车刀装得太高，则车刀的主刀后面会与工件产生强烈摩擦；如果装得太低，切削就不顺利，甚至工件会被抬起来，使工件从卡盘上掉下来，或把车刀折断。为使车刀对准工件轴线，可按床尾架顶尖的高低进行调整。

(2) 车刀不能伸出太长：因刀伸得太长，切削起来容易发生振动，使车出来的工件表面粗糙，甚至把车刀折断。但也不宜伸出太短，太短会使车削不方便，容易发生刀架与卡盘碰撞。一般伸出长度不超过刀杆高度的一倍半。

(3) 每把车刀安装在刀架上时，不可能刚好对准工件轴线，一般会低，因此可用一些薄厚不同的垫片来调整车刀的高低。垫片必须平整，其宽度应与刀杆一样，长度应与刀杆被夹持部分一样，同时应尽可能用少数垫片来代替多数薄垫片的使用，将刀的高低位置调整合适，垫片用得过多会造成车刀在车削时接触刚度变差而影响加工质量。

(4) 车刀刀杆应与车床主轴轴线垂直。

(5) 车刀位置装正后，应交替拧紧刀架螺丝。

7. 试切的方法与步骤。

在车床上安装工件后，要根据工件的加工余量决定走刀次数和每次走刀的切深。半精车和精车时，为准确地确定切深，保证工件加工的尺寸精度，只靠刻度盘进刀是不行的。因为刻度盘和丝杆都有误差，往往不能满足半精车和精车的要求，这就需要进行试切。试切的方法与步骤如下：①开车对刀，使车刀与工件表面轻微接触；②向右退出车刀；③横向进刀，背吃刀量 a_{p1}；④切削纵向长度 1~2mm；⑤退出车刀，进行测量；⑥未到尺寸，再进刀，背吃刀量 a_{p2}。以上是试切的一个循环，如果尺寸还大，则进刀仍按以上循环进行试切；如果尺寸合格，就按确定下来的切深加工整个表面。如图 7-1 所示。

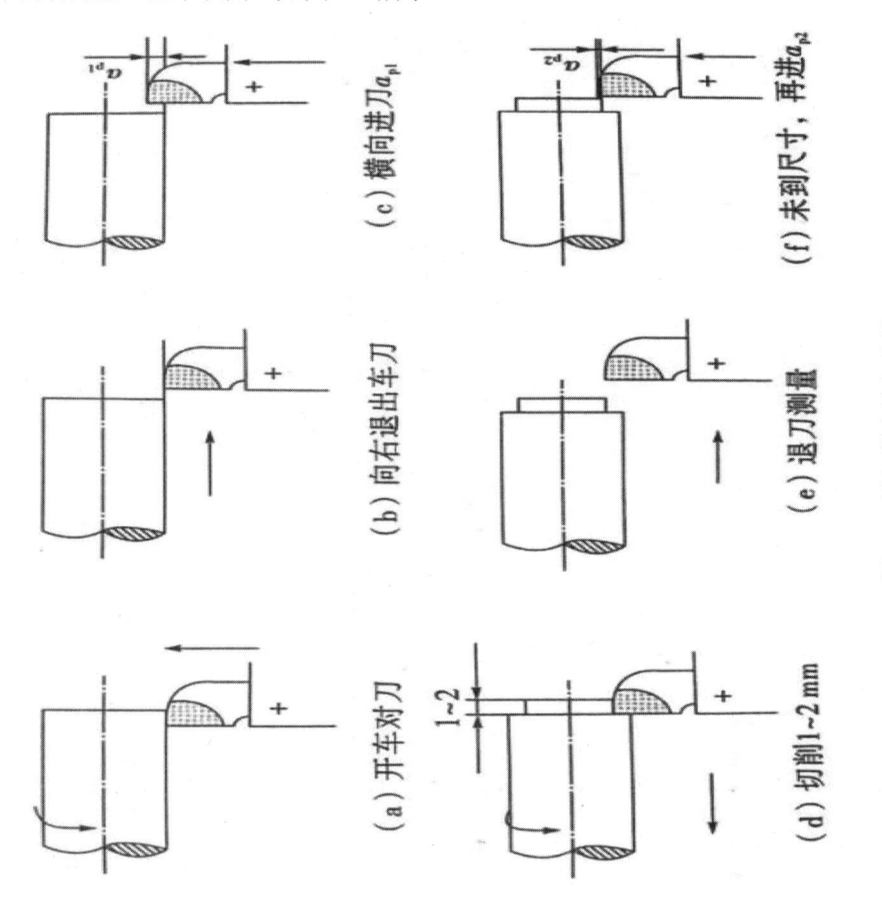

图 7-1 试切的方法与步骤

7.5　实习设备简介

沈阳沈工机床厂的普通车床(型号 C6136A/500)的外观如图 7-2 所示。

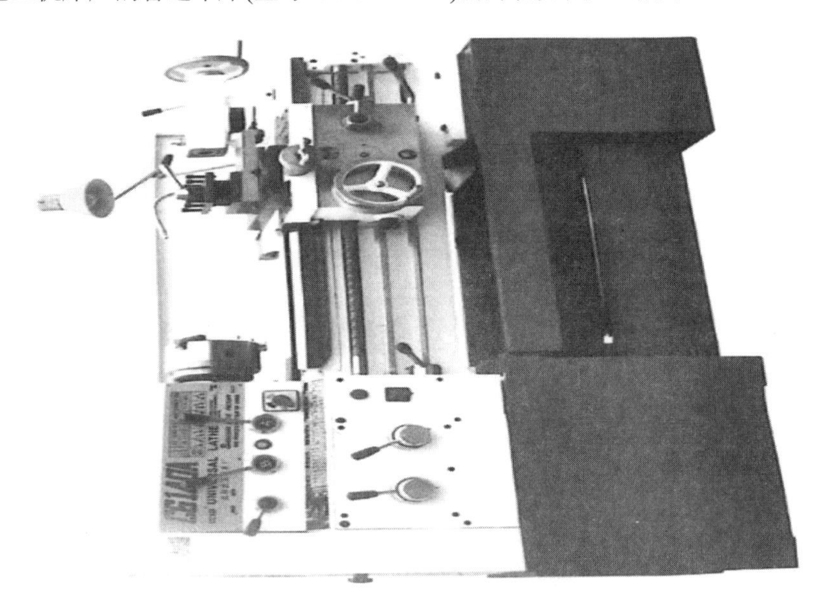

图 7-2　普通车床外观图

普通车床操纵部分如图 7-3 所示。

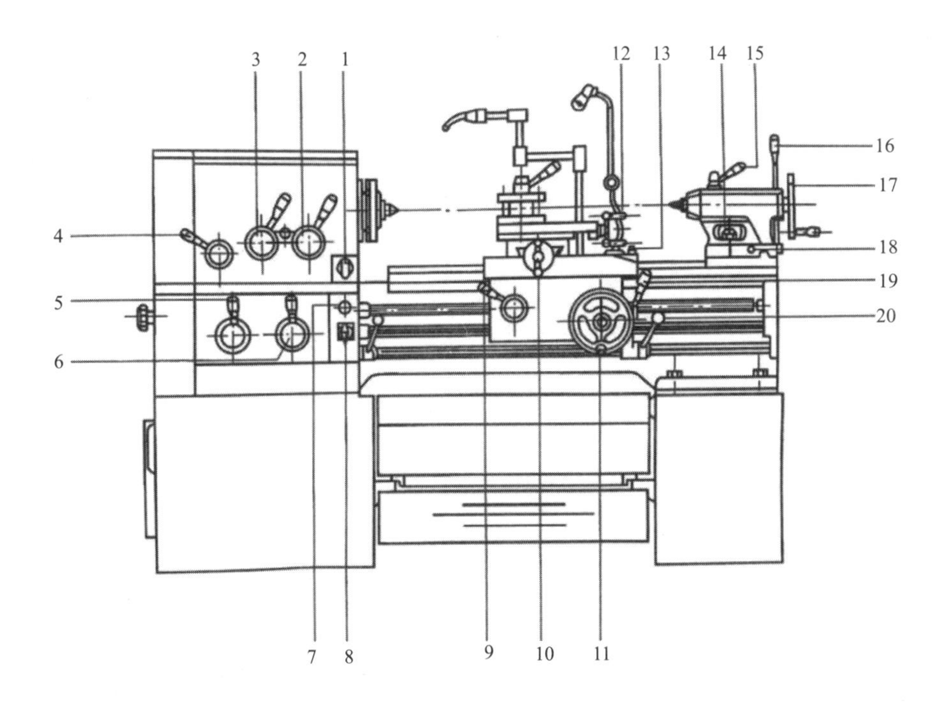

序号	名称	序号	名称
1	主轴高低速旋钮	12	小刀架进给手柄
2	主轴变速手柄	13	锁紧床鞍螺钉
3	主轴变速手柄	14	尾座偏心锁紧螺母
4	左右螺纹变换手柄	15	顶尖套筒夹紧手柄
5	螺距、进给量调整手柄	16	尾座偏心锁紧手柄
6	螺距、进给量调整手柄	17	顶尖套筒移动手轮
7	总停按钮	18	调节尾座横向移动螺钉
8	冷却泵开关	19	纵横进给手柄
9	开合螺母手柄	20	正反手柄
10	横刀架移动手柄		
11	床鞍纵向移动手轮		

图 7-3　普通车床操纵部分图

7.6　实习报告

根据实习内容和实习过程，书写实习报告，其内容包括：了解车削工作原理及加工范围，试切削的步骤与意义，切削用量的选择，车削加工特点等。

一、填空题(20 分) (请同学们预习完成)。

1. C6132A1 型车床型号各组成数字及字母的含义。

C ________6__________1__________32__________A1__________

2. 车床的主运动是______________，进给运动是______________。

3. 安装车刀时，车刀刀尖应与__________ 等高，刀杆的悬伸长度不应超过刀杆厚度的__________。

4. 组成外圆车刀切削部分的“三面”指前刀面、________和__________；“二刃”指__________、__________；“一尖”指______________。

5. 车削加工中，切削用量指__________、__________和____________；它们的单位分别指____________、____________和______________。

二、简答题(30 分)

1. 车床上能加工哪些表面？各用什么刀具？

2. 车削之前为什么要试切，试切的步骤有哪些？

3. 试比较粗车和精车在加工目的、加工质量、切削用量和刀具使用上的差异。

三、按照实际加工过程填写实习加工工艺(50 分)

1. 填空题。

作业名称		毛坯及半成品		材料	

2. 填写操作步骤。

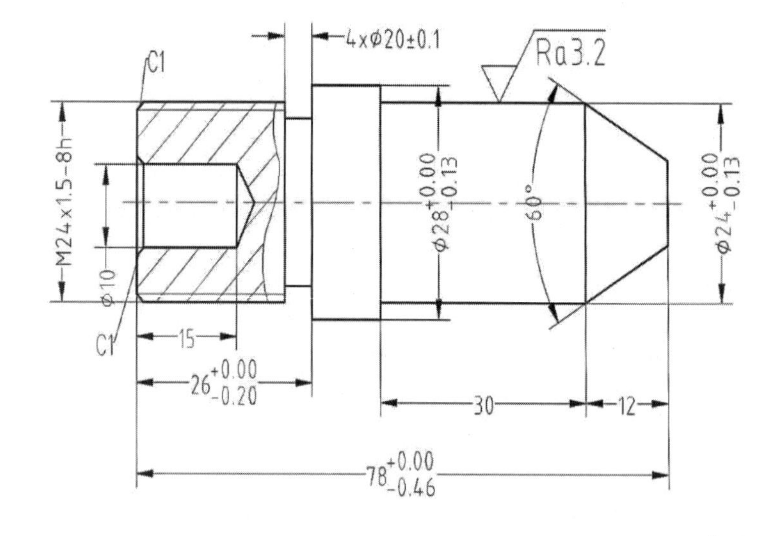

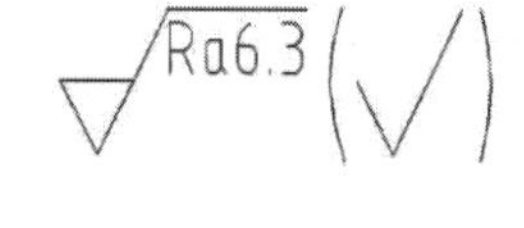

3. 填写操作步骤以及设备、工具、量具、刀具、夹具。

序号	操作步骤	设备、工具、量具、刀具、夹具

四、附加题(30 分)(对于参加三周或者四周实习的同学为必做题，参加一周或两周实习的不做要求)

1. 车削轴类零件时，工件的装夹方法有几种？各适合在什么条件下使用？

2. 车削圆锥的方法有哪几种？车削加工的圆锥母线不是直线，是什么原因造成的？如何预防？

评分：________________指导老师：________________时间：________________

第 8 章

普铣实习

8.1　实习目的

铣床是一种用途广泛的机床，在铣床上可以加工平面(水平面、垂直面)、沟槽(键槽、T 形槽、燕尾槽等)、分齿零件(齿轮、花键轴、链轮)及各种曲面。此外，还可用于回转体表面、内孔的加工，以及进行切断工作等。铣床在工作时，工件装在工作台上或分度头等附件上，铣刀旋转为主运动，工作台的进给运动为辅运动，工件靠近铣刀，形成加工面，即可获得所需的加工表面。通过本实习教学，让学生了解铣削加工的工艺特点及加工范围、了解常用铣床的组成、熟悉铣削的加工方法和测量方法，培养、提高和加强学生的实践能力。

8.2　安全注意事项

1. 操作前检查铣床各部位手柄是否正常，按规定加注润滑油，并低速试运转 1~2 分钟，方能操作。

2. 工作前应穿好工作服，女工要戴工作帽，操作时严禁戴手套。

3. 装夹工件要稳固。装卸、对刀、测量、变速、紧固心轴及清洁机床，都必须在机床停稳后进行。

4. 工作台上禁止放置量具、工件及其他杂物。

5. 开机时，应检查工件和铣刀相互位置是否恰当。

6. 铣床自动走刀时，手把与丝扣要脱开；工作台不能走到两个极限位置，限位块应安置牢固。

7. 铣床运转时，禁止徒手或用棉纱清扫机床，人不能站在铣刀的切线方向，更不得用嘴吹切屑。

8. 实训完毕应关闭电源，清扫机床，并将手柄置于空位，工作台移至正中。

8.3　实习内容与要求

1. 实习内容

讲解车间安全问题、机床的工作原理和基本操作。

2. 实习要求

(1) 学生按 2~8 人分成一组，每组分配一台铣床。
(2) 提前预习实习指导书。
(3) 实习教师提前做好实习准备，提前预热机床。
(4) 每组可推荐一名动手能力强的学生代表在实习教师指导下进行实习操作。
(5) 整个实习过程必须按照实习操作规程进行。
(6) 未经实习教师许可，不得随意操作仪器设备。

8.4　实习步骤

1. 工件装夹。将工件用平口钳夹紧，工件下加平行垫铁，工件与垫铁贴实。

2. 开机对刀，使工件与铣刀轻微接触后，以进给速度横向退出工件，将升降进给丝杠刻度盘对准零线。

3. 铣基准平面 A 面。先确定铣削量：(30-21.6)/2=4.2 mm；21.6 为工件对边尺寸的中间值。粗铣时留 0.20～0.50mm 精铣余量。

4. 精铣 A 面，使 A 面与对边圆弧表面尺寸为 30-4.2=25.8mm。铣削方式采用对称铣。

5. 铣 B 面。工件旋转 90°，以 A 面为基准，将 A 面与固定钳口贴合，用同样方法铣出 B 面，打磨工件毛刺。

6. 铣 C 面。更换高垫铁，工件旋转 180°，仍以 A 面为基准，A 面仍与固定钳口贴合，B 面与平行垫铁贴合。垫铁不许松动，重新对刀，分粗铣、精铣将 C 面铣出，尺寸要达图样要求的 21.5～21.7 mm，保证各项公差要求，打磨工件毛刺。

7. 铣 D 面。将 B 面或 C 面与固定钳口贴合，A 面与平行垫铁贴实。将工作台降下，开机对刀分粗铣、精铣将 D 面铣削至图样尺寸要求的 21.5～21.7 mm，打磨工件毛刺。

8.5　实习设备简介

1. X52K 立式铣床的结构

X5032 立式升降台铣床又称为 X52K 立式升降台铣床；其主轴轴线垂直于工作台面，外形如图 8-1 所示，主要由床身、立铣头、主轴、工作台、升降台、变速机构、底座组成。

图 8-1　X52K 立式铣床

(1) 床身：固定和支承铣床各部件。

(2) 立铣头：支承主轴，可左右倾斜一定角度。

(3) 主轴：为空心轴，前端为精密锥孔，用于安装铣刀并带动铣刀旋转。

(4) 工作台：承载、装夹工件，可纵向和横向移动，还可水平转动。

(5) 升降台：通过升降丝杠支承工作台，可使工作台垂直移动。

(6) 变速机构：主轴变速机构在床身内，使主轴有 18 种转速，进给变速机构在升降台内，可提供 18 种进给速度。

(7) 底座：支承床身和升降台，底部可存储切削液。

2. X52K 立式铣床的特点

(1) 立铣头可在垂直平面内顺、逆回转调整 ±45°，扩展机床的加工范围；主轴轴承为圆锥滚子轴承，承载能力强，且主轴采用能耗制动，制动转矩大，停止迅速、可靠。

(2) 工作台 X/Y/Z 方向有手动进给、机动进给和机动快进三种，进给速度能满足不同的加工要求；快速进给可使工件迅速到达加工位置，加工便捷，缩短非加工时间。

(3) X、Y、Z 三方向导轨副经超音频淬火、精密磨削及刮研处理，配合强制润滑，提高精度，延长机床的使用寿命。

(4) 润滑装置可对纵、横、垂向的丝杠及导轨进行强制润滑，减小机床的磨损，保证机床的高效运转；同时，冷却系统通过调整喷嘴来改变冷却液流量的大小，满足不同的加工需求。

(5) 机床设计符合人体工程学原理，操作方便；操作面板均使用形象化符号设计，简单直观。

3. 铣床参数

工作面积(宽×长)	320mm×1250 mm
最大承载重量	500 kg
T 型槽数目	3
X 向(工作台纵向)手动/机动	700/680 mm
Y 向(滑座横向)手动/机动	255/240 mm
Z 向(升降台垂向)手动/机动	370/350 mm
主轴端面至工作台面距离最小/最大	45/415 mm
主轴中心线至床身垂直导轨面距离	350 mm
主轴电机功率	7.5 kW
机床外形尺寸(长×宽×高)	2272mm×1700mm×2094 mm
机床净重	2900 kg

8.6　实习报告

一、填空题(20 分)

1. 铣削时的主运动是__________运动，进给运动是__________运动。
2. 常用铣刀按切削部分的材料可分为__________和__________铣刀。
3. 常用铣床纵向工作台的导轨采用__________导轨结构。
4. 粗铣加工时切削用量的选择原则是先选用__________，然后选用__________。

二、简答题(30 分)

1. 操作铣床时应注意哪些安全规则?

2. 铣削加工的范围是什么？

3. 铣床工作台有哪三个方向的运动？每个方向的作用如何？

三、请按照实际加工过程填写实习加工工艺(50 分)

作业名称		毛坯及半成品		材料	

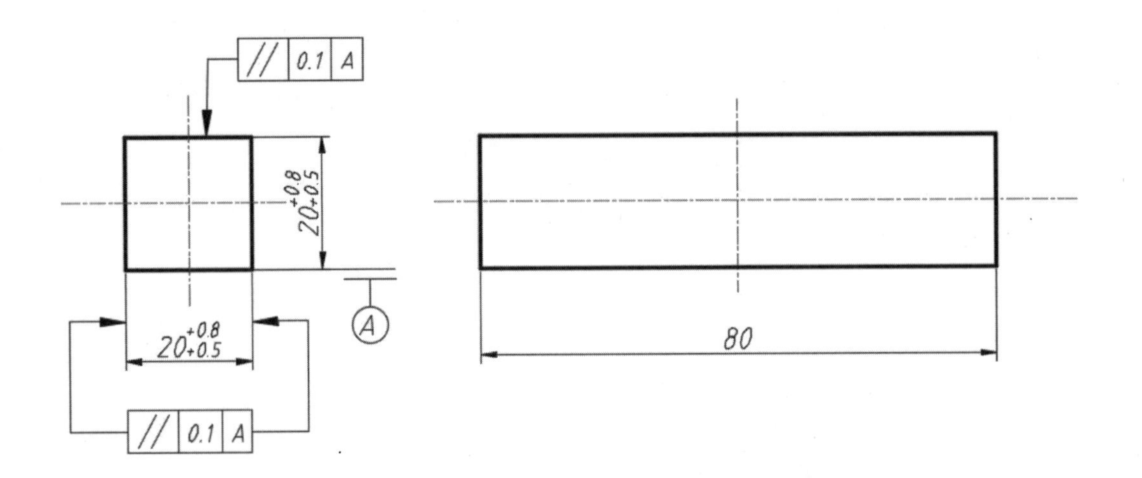

序号	操作步骤	所需的软件、设备、工量具

评分：________________ 指导老师：________________ 时间：________________

第Ⅲ篇

先进制造实习

第9章 数控车削实习

9.1 实习目的

数控技术(Numerical Control，NC)是采用数字化信息实现加工自动化控制的一种方法。用数字化信号对机床的运动及其加工过程进行控制的机床称为数控机床。将数控技术应用于机床，控制机床上刀具的运动轨迹，对零件进行加工的工艺过程就是数控加工。数控加工时，按照操作者事先编制好的程序对机械零件进行加工。数控车床是数字程序控制车床的简称。数控车削加工是在数控车床上利用工件的旋转运动和刀具的移动来改变毛坯的形状与尺寸，将其加工成所需零件的一种切削加工方法。数控车床主要用于加工轴套类、盘盖类等回转体零件。通过数控加工程序的运行，可自动完成内外圆柱面、圆锥面、曲面、螺纹和端面等工序的切削加工，并能完成车槽、钻孔、扩孔、铰孔、滚花、切断等工作。车削加工中心可在一次装夹中完成更多加工工序，提高加工精度和生产效率，特别适合于复杂形状回转类零件的加工。数控车削加工的技术内容包括图纸工艺分析、工件装夹定位、刀具选择、加工工艺路线、程序代码、虚拟仿真、对刀及对刀位置检测、自动加工、测量等多个环节。通过本实习教学环节，培养学生刻苦钻研勇于探索的创新精神和善于分析问题解决问题的实践能力，加深学生对数控技术原理的理解，熟悉数控车削的基本加工工艺过程，以便能够在今后产品开发和制造过程中应用数控车削加工技术。

9.2 安全注意事项

1. 进入数控车削实训室前，请穿好工作服，袖口要扎紧。女生戴工作帽，把头发或辫子全部塞入帽内，不穿拖鞋、凉鞋、高跟鞋、裙子、短裤、背心进入实训室。操作数控车床时，不允许戴手套。

2. 进入数控车削实训室后，应保持实训室环境整洁，不得带任何食物入内，不得乱扔纸屑等杂物，不要在数控车床周围放置障碍物，工作空间应便于操作。

3. 数控实训室内不得使用私人 U 盘进行机床数据拷贝，不得擅自修改、删除数控车床系统文件，严禁设置各种密码。

4. 机床使用前，应检查数控车床各个部件机构是否完好、各个按键能否自动复位。机床使用者应熟悉机床操作规程。

5. 机床使用中，一般不允许两人或多人同时操作机床。机床每次电源接通后，必须先完成各个轴的返回参考点操作，然后进入其他运行方式，以确保各个坐标的正确性。加工程序必须经过严格的程序检查和刀具位置检查方可操作运行。机床主轴启动开始切削之前一定要关好防护门，程序正常运行中严禁开启防护门。手动对刀时，应注意选择合适的进给速度；手动换刀时，刀架距工件与尾座要有足够的转位距离以防发生碰撞。加工过程中，若出现异常危机情况可按下“急停”按键，以确保人身和设备的安全，并及时报告指导老师。数控机床使用过程中应全程守在设备旁，严禁做与机床操作无关的事情。

6. 工件装夹过程中，卡盘扳手在使用完毕后应及时取下来，避免飞出伤人及损坏机床。机床使用者的手和身体不能靠近旋转的工件或机床运动部件，以免受到伤害。零件加工完成，机床停止后，方可进行零件测量及下一个零件的加工工作。

7. 机床使用结束，机床使用者应按下“急停”按键，关闭机床电源，清理机床，打扫实训场地。

9.3 实习内容与要求

1. 实习内容

讲授数控车削加工的工艺、数控坐标系、编程代码、刀具选择与刀具补偿、编程示例、等距离螺纹切削指令等理论知识。使用上海西格码机床有限公司 SINUMERIK808D 数控车床详细讲解机床的面板操作、程序新建与修改、程序仿真与修改、对刀及刀具位置检查、自动运行加工等内容。向学生演示一个零件的装夹、编程、仿真、对刀、自动运行加工、零件测量等加工制造的整个过程。

2. 实习要求

(1) 根据零件图纸的复杂程度、学生人数及机床分组进行，每台机床为一组，每组 3~4 人。

(2) 实习前要求学生预习教材与实习指导书，并通过对工程训练中心各类学习平台的了解，对实习项目有基本的认知。

(3) 加工程序必须经过严格的程序检查和刀具位置检查方可操作运行。

(4) 整个实习过程必须按照实习操作规程进行，按时完成实习内容和实习报告。

(6) 不经实习教师许可，不得随意动用机床设备。

9.4 实习步骤

1. 学生对数控车削实习项目有基本了解和认知。

能看懂简单轴类零件图纸及工艺分析；了解机床坐标系与和工件坐标系的区别；能选择零

件加工表面刀具；了解数控车床西门子 808D 系统的程序代码与格式；学会简单轴类零件的编程。

2. 零件编程过程中，刀具的分层切削。

注意，以上两步可要求学生在实习前完成。

3. 机床面板分为 LCD 显示区、PPU 操作面板区和 MCP 控制面板区。

面板上的紧急停止按钮的主要作用：紧急情况下停止机床的一切运动。

4. 开机步骤如下。

(1) 启动白色按键，开机(稍微等待，机床会进行自检)。

(2) 消除报警(消除机床开机时的报警，可按诊断键查询报警信息)。

(3) 回参考点(即回机床原点。没有回参考点，机床后续工作不能进行)。

5. 机床控制面板中间有如下 6 个功能按键。

(1) REF 回参考点按键用于返回参考点(Z 轴和 X 轴)。

(2) 点动方式键(手动键)可换刀、移动刀架以及旋转和停止刀架。

(3) 增量选择键(挡位键)用于选择“手轮”方式下的倍率(常用的是×10、×100)。

(4) MDA 方式键(执行单段程序)主要用于检查刀具位置，加入了刀具补偿。

(5) 自动键(自动方式键)可供在加工零件与仿真时使用。

(6) 单段方式键用于观察仿真图、检查刀具位置以及在加工零件时进行观察。

6. 程序的输入、仿真、自动加工。

输入新程序名，输入程序，按回车键。输入程序后，机床会自动保存程序。可进入仿真界面对程序进行仿真，了解程序是否可行。

进入自动方式，选定加工程序。选定“空运行”DRY 和“程序测试有效”PRT。仿真结束后，要取消“空运行”和“程序测试有效”，才能进行自动加工。否则，自动运行时，刀具会以快速定位方式运行，造成事故。

7. 对刀及自动加工。

旨在通过刀具对工件进行试切削，确定工件坐标系与机床坐标系之间的空间位置关系。

(1) 安装工件时，夹持工件伸出卡盘长度比实际零件长 20~25mm 为宜，夹紧工件。

(2) 采用试切法对刀(以右偏刀、外螺纹车刀、切断刀为例)，使用手轮方式。

① 右偏刀：将右偏刀置于工件右端面，选择 10 倍率，选择 Z 轴，启动主轴，操作手轮，使刀具主刀刃轻轻接触工件右平面，沿 X 轴正方向退出，将手轮停在整数位。沿 Z 轴方向手轮进 30~50 小格，手动车平端面，沿 X 轴方向退出，停车。输入 Z 轴数据 0.00(输入过程省略)。

右偏刀置于工件外圆距右端面约 5mm 处，启动主轴，沿 X 轴方向轻轻接触外圆，沿 Z 轴退出，将手轮停在整数位，沿 X 轴进 30~50 小格，手动车削外圆，沿 Z 轴正方向退出，停车。测量工件外圆直径。输入 X 轴直径数据(输入过程省略)。

② 外螺纹车刀：将刀架退到安全位置，换螺纹车刀，将螺纹车刀刀尖置于工件 Z0 位置。(即通过右偏刀车平的端面)，观察刀尖是否和工件端面平行，输入数据的方法和前面相同。外螺纹车刀 X 轴方向的对刀和右偏刀基本一致。但 X 轴进刀尺寸可以小一些，为 10~20 小格。

③ 切断刀：将刀架退到安全位置，换切断刀，启动主轴，将切断刀刀尖轻轻接触工件的右端面，沿 X 轴方向退出，停车。输入数据的方法和前面相同，请注意刀号。

切断刀置于工件外圆距右端面约 5mm 处，启动主轴，沿 X 轴方向轻轻接触外圆，沿 Z 轴退出。输入 X 轴直径数据(输入过程省略)。

④ 对刀检验：手动退刀至安全位置，选择 MDA 方式。

输入 G00X100Z100 换刀点，再输入 T1D1 选择刀具，接着依次输入 G00X100Z50(检查大约位置，不发生大的偏差，避免撞刀)、X50Z0(检查 Z 轴)、Z2、X(测量值)、G00X100Z100(退刀)。其他两把刀具采用同样方法检验。

⑤ 自动加工：按复位键，转为自动。选择程序，取消“空运行 DRY”“程序测试 PRT”。

选择单段键加工。关防护门，按启动键，加工过程要仔细观察。如果发现任何意外，马上按下紧急停止键。

⑥ 零件检测：加工完成后，检测零件尺寸及误差，可以判断对刀的准确程度。

⑦ 加工结束后，关机，清理机床。

9.5　实习设备简介

1. 上海西格码机床有限公司数控车床

型号(SC6136AG)/750 如图 9-1 所示。

图 9-1　数控车床外观图

数控车床组成部分如图 9-2 所示。

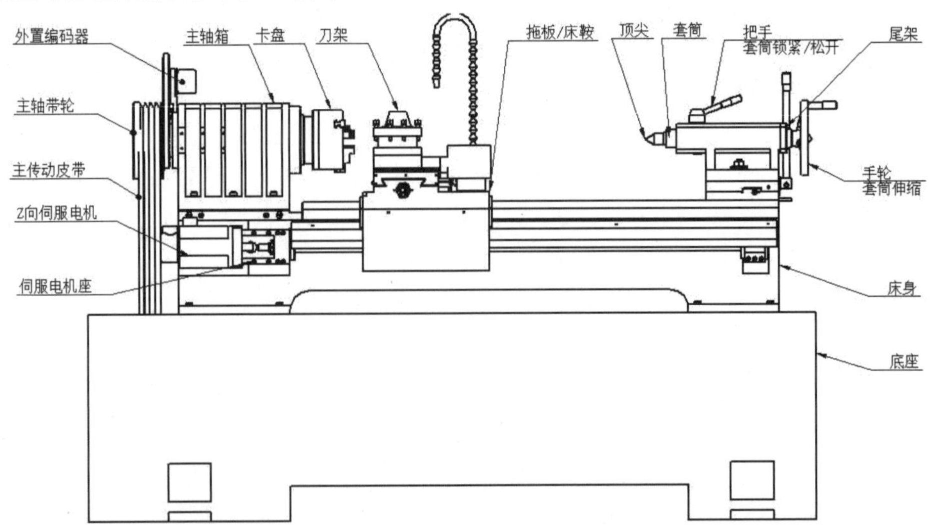

图 9-2　数控车床组成部分示意图

计算机数控系统：使用 SINUMERIK808D(西门子 808D)操作系统。

机床本体：是安装机床各个部件的基础构件。数控机床切削用量大，连续加工发热量大，因此要求机床本体具有抗震、不易变形的性能。

数控装置：数控装置是数控系统的核心，主要包括微处理器(CPU)、存储器、局部总线、外围逻辑电路及与数控系统的其他组成部分联系的各个接口等。数控机床的数控系统完全由软件处理输入信息，可处理逻辑电路难以处理的复杂信息，使数字控制系统的性能大大提高。

输入/输出设备：键盘、磁盘机等数控机床的典型输入设备，还可以用串行通信的方式输入。数控系统一般还配有显示器，显示信息丰富。有的还能显示图形，操作人员可通过显示器获得必要的信息。

伺服单元：伺服单元是数控装置和机床本体的联系环节，将来自数控装置的微弱指令信号放大成控制驱动装置的大功率信号。

驱动装置：驱动装置把经放大的指令信号转变为机械运动。通过机械传动部件驱动机床主轴、刀架、工作台等精确定位，或按规定的轨迹做严格的相对运动，最后加工出图样所要求的零件。与伺服单元相对应，驱动装置有步进电机、直流伺服电机和交流伺服电机等。

测量装置：测量装置也称反馈元件，通常安装在机床的工作台或丝杆上。它把机床工作台的实际位移转变成电信号反馈给数控装置，供数控装置与指令值比较，并根据比较后产生的误差信号，控制机床向消除该误差的方向移动。

数控车床的基本工作原理如图 9-3 所示。

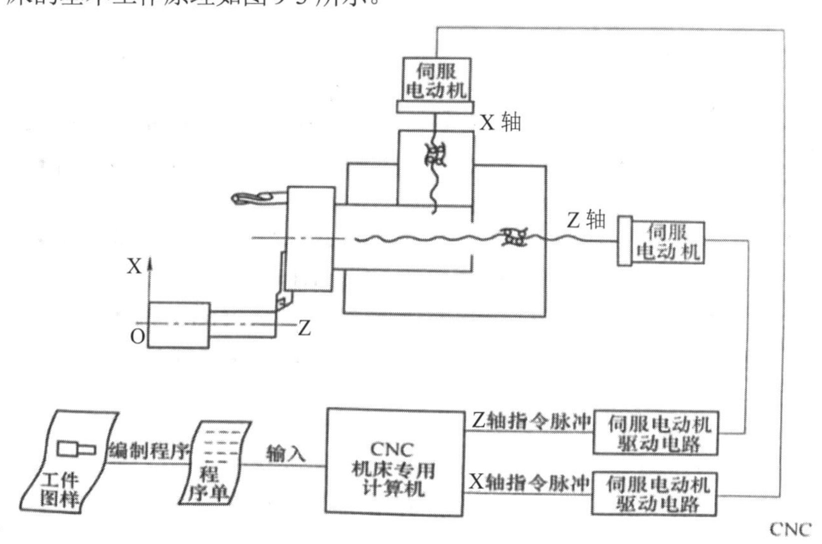

图 9-3　数控车床的基本工作原理

数控车床加工零件时，会根据零件图样要求及加工工艺，将所用刀具、刀具运动轨迹、刀具速度、主轴转速、主轴旋转方向、冷却操作以及相互间的先后顺序，以规定的数控代码形式编制成程序，并输入数控装置中。在数控装置内部的控制软件支持下，经过处理、计算，向机床各坐标的伺服系统及辅助装置发出指令，驱动机床各运动部件及辅助装置进行有序的动作与操作，实现刀具与工件的相对运动，最终加工出所要求的零件。

2. SINUMERIK808D(西门子 808D)操作面板

PPU(面板操作单元)的组成如图 9-4 所示。

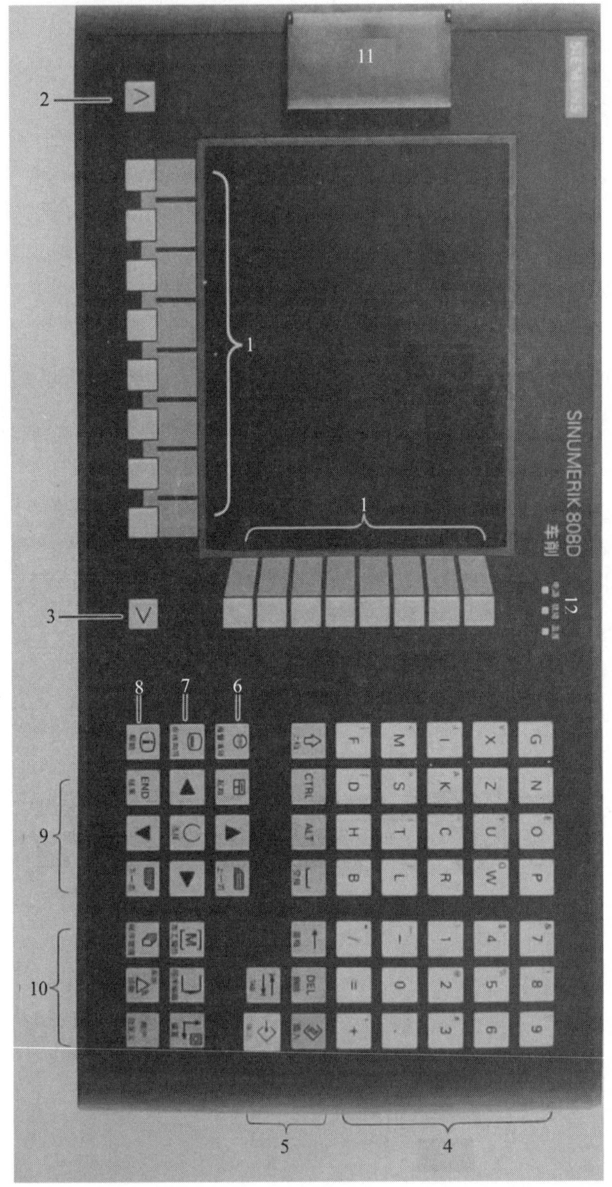

序号	名称	序号	名称
1	垂直及水平软键 调用特定菜单功能	7	在线向导键 提供基本调试和操作步骤的分步向导
2	返回键 返回上一级菜单	8	帮助键 调用帮助信息

3	菜单扩展键 预留使用	9	光标键
4	字母键和数字键 按住以下键可输入相应字母或数字键的“上挡”键 上挡	10	操作区域键
5	控制键	11	USB接口
6	报警清除键 消除用该符号标记的报警和提示信息	12	状态LED

图 9-4　PPU

3. SINUMERIK808D(西门子 808D)机床控制面板

MCP(机床控制面板)的组成如图 9-5 所示。

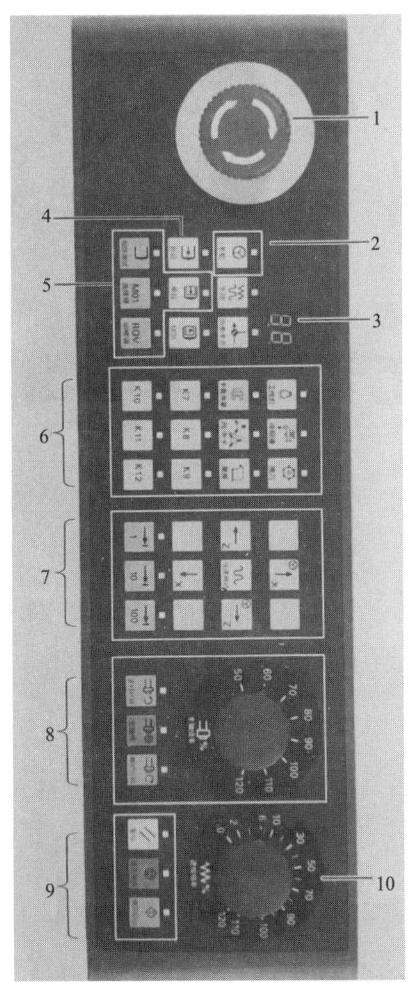

序号	名称	序号	名称
1	急停键 立即停止所有机床运行	6	用户定义键(均带有LED状态指示灯)
2	手轮键(均带有LED状态指示灯) 用手轮控制轴运行	7	轴运行键
3	刀具数量显示 显示当前刀具数量	8	主轴控制键
4	操作模式键(均带有LED状态指示灯)	9	程序状态键
5	程序控制键(均带有LED状态指示灯)	10	进给倍率开关 以特定进给倍率运行选中的轴

图 9-5　MCP

9.6　实习报告

根据实习内容和实习过程，书写实习报告。其内容包括：了解数控车削工作原理及加工范围，数控编程常用代码意义，数控车削加工特点等。

一、填空题(30 分) (请同学们预习完成)。

1. 数控编程代码中，“G 代码”指________________________。

“M 代码”指________________。“S 代码”指________________。

“F 代码”指________________。“T 代码”指________________。

2. 请解释以下指令代码的含义。

G00：____________________。G01：____________________。

G02：____________________。G03：____________________。

M03：____________________。M05：____________________。

M30：____________________。

3. ____________、____________、__________称为切削用量三要素。

二、简答题(30 分)

1. 一个完整的加工程序由哪几部分组成？SIEMENS 系统的程序命名和结束部分应该用什么符号或代码表示？

2. 机床坐标系和工件坐标系的概念是什么？什么叫工件原点偏置？

三、按照实际加工过程填写实习加工工艺(40 分)

1. 填空题。

作业名称		毛坯及半成品		材料	

2. 填写操作步骤。

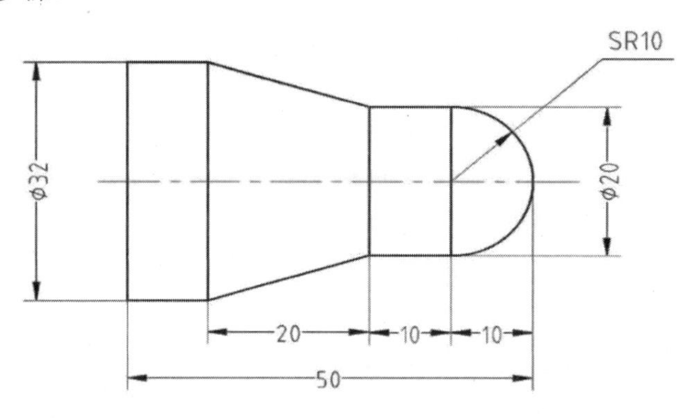

3. 填写操作步骤和加工程序。

序号	操作步骤	加工程序	

四、附加题(30 分)(对于参加三周或者四周实习的同学为必做题，参加一周或者两周实习的不做要求)

1. 等距离圆柱螺纹切削指令格式是什么？三角形外螺纹切削加工过程中，如何计算切削深度？加工双头螺纹时，起始点相互偏移多少度？

2. 刀具补偿分为哪两种？应用刀具补偿应注意哪些问题？

评分：__________________指导老师：__________________时间：________________

第 10 章

数控铣及加工中心实习

10.1　实习目的

数控铣床又称 CNC(Computer Numerical Control)铣床，是用电子及数字化信号控制的铣床。数控铣床是在一般铣床的基础上发展起来的一种自动加工设备，两者的加工工艺基本相同，结构也有些相似。

通过实训使学生了解数控机床对零件加工的基本过程和一些常见的工艺知识，掌握数控铣床和加工中心的功能及其操作方法，掌握常用功能代码的作用，学会简单零件的手工编程方法，理解数控加工中的编程坐标系(工件坐标系)与机床坐标系之间的关系，掌握工件装夹及对刀方法，加深对有关刀具知识和加工工艺知识的理解。实训过程中，通过接受相关的生产劳动纪律及安全生产教育，培养学生良好的职业素质，训练学生的实际操作技能。

10.2　安全注意事项

1. 开机床前，必须了解数控铣床构造，熟悉各手柄和操作面板上各按键的用途和操作方法。

2. 在进行加工前，先要检查工件；检查刀具是否装夹牢固，各部分是否润滑，运转是否正常。

3. 操作控制面板上的功能按键时，一定要辨别清楚、确认无误后，才能进行操控，不要盲目操作。

4. 机床运转期间，勿将身体任何一部分接近数控铣床移运范围，不得隔着机床传递物件，更不要试着用嘴吹铁屑，用手去抓铁屑或清除铁屑。

5. 换刀、装夹工件时必须停机进行。

6. 机床运行时，操作者不能离开岗位，如需离开，必须停机。

7. 机床运转中如果发生异常情况，应立即停止操作，关掉电源，并报告指导老师或相关管理人员。

8. 在机床上实训时，只能一人操作机床。其他人员不得操作机床手柄、开关和按钮，以防止发生人员或设备的安全事故。

9. 机床运转速度不得超过其最大允许范围。

10. 在机床的操作范围内，不得有任何障碍物。

11. 每次使用后要彻底清扫和润滑机床，并按要求做好机床及工量具的日常维护和保养。

10.3　实习内容与要求

1. 实习内容

(1) 理论课：讲解数控铣床的简介、加工工艺和编程。

(2) 实操课：讲解数控铣床的面板操作、程序模拟、对刀、加工生产整个过程。

2. 实习要求

(1) 根据零件的复杂程度进行分组，每组 2~6 人，简单零件为 2~3 人/组，复杂零件为 4~6 人/组。

(2) 提前预习实习指导书。

(3) 实习教师提前做好实习准备，提前预热机床。

(4) 每组可推荐一名动手能力强的学生代表在实习教师指导下进行实习操作。

(5) 整个实习过程必须按照实习操作规程进行。

(6) 未经实习教师许可，不得随意操作仪器设备。

10.4　实习步骤

1. 开机回参考点。

2. 把机床工作台移到机床中间位置，把工件放到工作台上。

3. 用百分表找正，然后夹紧工件(如工件允许，夹紧后铣四方也可以，就不再用百分表找正)；如果使用平口钳，则先要校正钳口。

4. 对刀：主轴装上对刀仪，主轴正转(光电对刀仪不转动)，先 X 向对刀，把操作界面旋(按)到手轮，把刀具移到工件右端，然后沿-X 方向慢慢靠近工件直至准确。Z 向提刀(X 向不能移动)，X 向相对坐标清零，然后把刀具移到工件左端，沿+X 方向慢慢靠近工件直至准确，Z 向提刀(X 向不能移动)。记住此时的 X 向相对坐标值，把它除以 2 后得到一个值，再向+X 方向移动这个值，确认准确后记下此时的机床坐标，填入 G54 等工件坐标系中。

5. 以此方法 Y 向对刀，从+Y 向-Y 对刀。

6. Z 向对刀：利用塞尺、量棒、Z 向压定器等对刀。确认准确后，把当前机床坐标值加上塞尺、量棒、Z 向压定器等的负厚度，填入 G54 等工件坐标系中。

7. 输入程序。

8. 程序仿真：仿真程序查看是否有误。如果出错，返回程序编辑，然后修改再仿真，直到无误为止。

9. 加工：加工完毕，将工件取下，老师确认后方可离开。

10. 后处理：去掉毛刺，测量尺寸，确认无误，打扫卫生，关闭设备电源。

10.5　实习设备简介

VMC1060 立式数控铣床(加工中心)如图 10-1 所示，进给轴为 X、Y、Z 三坐标控制，主轴为伺服电机动力驱动，刀库容量为 16 把。能实现对各种盘类、板类、壳体、凸轮、模具等复杂零件一次装夹，完成钻、铣、镗、扩、铰、攻丝等多种工序加工，适合于多品种、中小批量产品的生产，对复杂、高精度零件的加工更能显示其优越性。

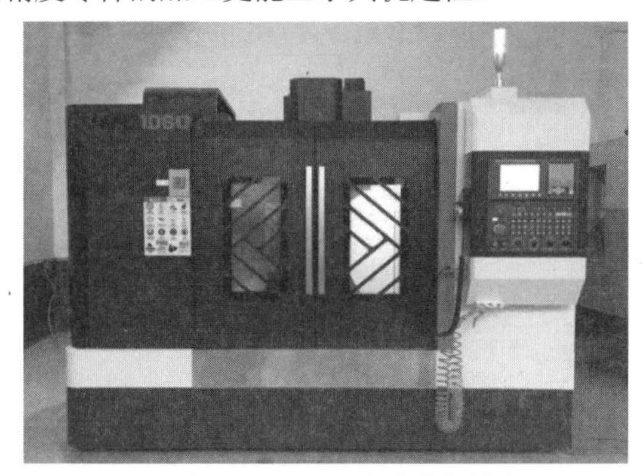

图 10-1　VMC1060 立式数控铣床

数控铣床的一般结构如图 10-2 所示。

(1) 主轴箱

包括主轴箱体和主轴传动系统；用于装夹刀具并带动刀具旋转；主轴转速范围和输出扭矩对加工有直接影响。

(2) 进给伺服系统

由进给电机和进给执行机构组成，按照程序设定的进给速度实现刀具和工件之间的相对运动，包括直线进给运动和旋转运动。

(3) 控制系统

数控铣床运动控制的中心，允许通过控制面板执行数控加工程序，控制机床进行加工。

(4) 辅助装置

如电气柜和冷却液箱，以及液压、气动、润滑、排屑、防护等装置。

(5) 机床基础件

通常指工作台、床身、底座、立柱、横梁等，是整个机床的基础和框架。

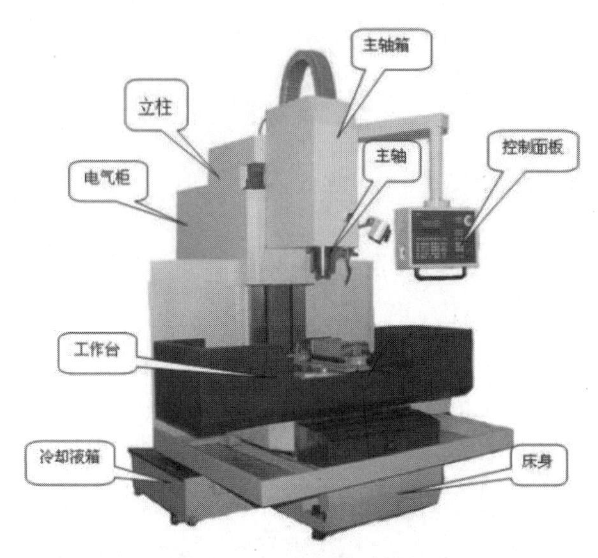

图 10-2 数控铣床的结构

数控铣削加工除了具有普通铣床加工的特点外，还有如下特点：

(1) 零件加工的适应性强、灵活性好，能加工轮廓形状特别复杂或难以控制尺寸的零件，如模具类零件、壳体类零件等。

(2) 能加工普通机床无法加工或很难加工的零件，如用数学模型描述的复杂曲线零件以及三维空间曲面类零件。

(3) 能加工一次装夹定位后需要进行多道工序加工的零件。

(4) 加工精度高、加工质量稳定可靠，数控装置的脉冲当量一般为 0.001mm，高精度的数控系统可达 0.1μm，另外，数控加工还避免了操作人员的操作失误。

(5) 生产自动化程度高，可以减轻操作者的劳动强度，有利于生产管理自动化。

(6) 生产效率高，数控铣床一般不需要使用专用夹具等工艺设备。在更换工件时，只需要调用存储于数控装置中的加工程序、装夹工具并调整刀具数据即可，因而大大缩短了生产周期。另外，数控铣床具有铣床、镗床、钻床的功能，使工序高度集中，大大提高了生产效率。另外，数控铣床的主轴转速和进给速度都是无级变速的，因此有利于选择最佳切削用量。

10.6　实习报告

一、填空题(25 分，每题 5 分)

1. 数控加工中心机床与数控铣床的主要区别在于加工中心有__________。

2. 通常数控铣床都具有__________插补以及__________插补功能。

3. 通常，数控铣床检查程序的方式有__________检查和__________检查。

4. 用于数控铣床准备功能的指令代码是__________，辅助功能的指令代码是__________，刀具编号的指令代码是__________，刀具补偿号的指令代码是__________。

5. 数控铣床对刀的过程，实质上是确定__________的过程。

二、简答题(30 分)

1. 数控铣床一般由哪几个部分组成？

2. 什么是刀具半径补偿？

3. 说明 G00、G01、G02、G03 指令的含义？

三、请按照实际加工过程填写实习加工工艺(45 分)

请用流程图阐述你所加工零件的设计思路。

作业名称		作品名称		材料	

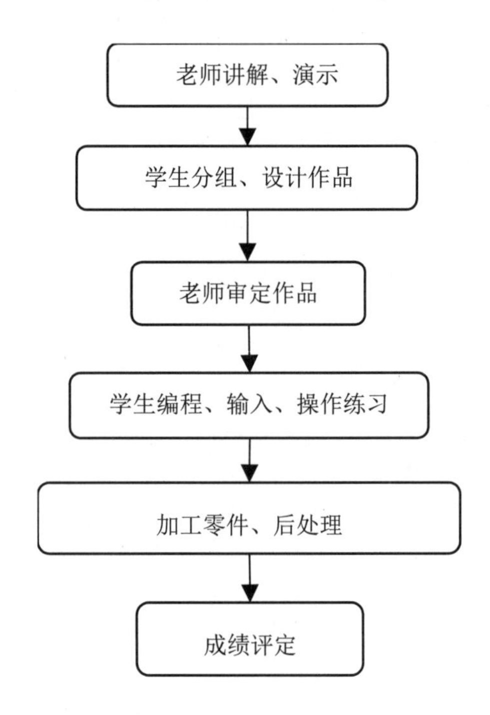

序号	操作步骤	所需的软件、设备、工量具

评分：____________________ 指导老师：____________________ 时间：____________________

第 11 章

线切割实习

11.1 实习目的

电火花切割时，在电极丝和工件之间进行脉冲放电。如图 11-1 所示，电极丝接脉冲电源的负极，工件接脉冲电源的正极。出现一个脉冲电源时，在电极丝和工件之间可产生一次火花放电，在放电通道的中心瞬时温度可高达 10000°C。高温使金属工件熔化，甚至有少量气化，同时使电极丝和工件之间的工作液部分产生气化。这些气化后的工作液和金属蒸汽瞬间膨胀，且具有爆炸的特性。通过这种热膨胀和局部微爆炸来刨除熔化和气化的金属材料，从而实现对工件材料的电腐蚀加工。

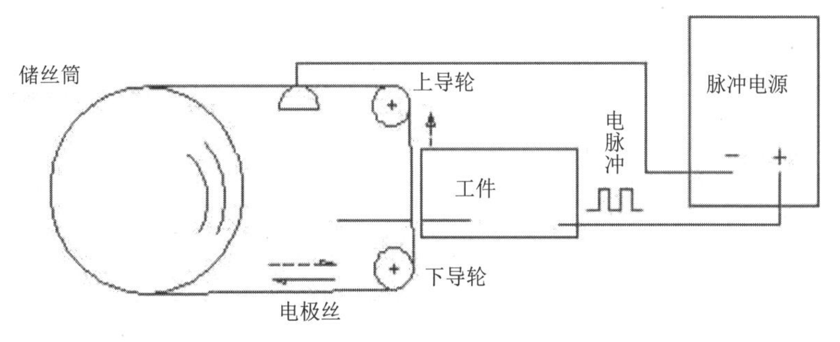

图 11-1　线切割机床工作原理示意图

电花线切割加工时，为获得较好的表面粗糙度和好的尺寸精度，并保证钼丝不被烧断，应当选择好相应的参数，使工件与钼丝之间的放电火花放电，而不是电弧放电。

首先必须保证两个电脉冲之间有足够的间隙，使放电间隙中的介质消除电离，让放电通道中的带粒子复合为中性粒子，恢复本次放电通道处间隙中介质的绝缘强度，以免总在同一处发生导致电弧放电。一般脉冲间隙应为脉冲宽度的 4 倍以上。其次，为保证火花放电时电极丝不被烧断，必须向放电间隙注入大量工作液，以使电极丝充分冷却。同时电极丝必须做高速轴向运动，以避免火花放电总在电极丝的局部位置被烧断，电极丝速度为 7~10mm/s。高速运动的电极丝，有利于不断往放电间隙中带入新的工作液，同时有利于将电蚀产物从间隙中带出去。

通过本次线切割实习，使学生掌握线切割加工原理、特点及应用范围，了解线切割机床的系统组成及各部分功能，掌握线切割机床的编程方法，独立完成图形绘制与线切割机床操作，了解线切割机床日常维护，并能进行基本的故障排除。

11.2 安全注意事项

1. 实习所用计算机仅供学生进行 CAXA 图形绘制和操作 WINCUT 软件使用。

2. 进入线切割实训室后，应保持实训室环境整洁，不得带任何食物入内，不得乱扔纸屑等杂物。

3. 实验室内不得使用私人 U 盘进行数据拷贝，若确实需要，应向指导老师申请实训室专用 U 盘，另外，不得擅自更改和删除计算机中的软件，严禁设置各种密码。

4. 如遇计算机死机、机床卡丝、断丝、丝切到导轨等异常情况，应立即报请指导老师修复，不得擅自处理。

5. 在操作 DK7740 机床过程中要保持手部干燥，在加工过程中应全程守在设备旁观察，以防出现异常情况。

6. 运丝和机床加工过程中，严禁触碰钼丝，以免割伤。

7. 学生需要在指定机床进行操作，未经许可不得私自调换机床。

8. 禁止用湿手按开关或接触电器部分。防止工作液等导电物进入电器部分，一旦发生因电器短路造成的火灾，应首先切断电源，并立即用四氯化碳等合适的灭火器灭火，不准用水救火。

9. 停机时，应先停高频脉冲电源，后停工作液，让电极丝运行一段时间，并等储丝筒反向后再停走丝。工作结束后，关掉总电源，擦净工作台及夹具，并润滑机床。

11.3 实习内容与要求

1. 实习内容

利用 CAXA 线切割绘制图形并将图形转化成数控 3B 程序代码，再用 WINCUT 导入 3B 代码，设定工艺参数，操作数控电火花切割机 DK7740 完成加工。

2. 实习要求

(1) 实习前分组，每 5～8 位学生共用一台机床。要求每位学生独立完成图形的绘制和加工。

(2) 实习前要求学生预习实习指导书。

(3) 实验教师提前做好实习准备，检查每台机床的钼丝是否已经上好，机床是否正常运行。

(4) 要求每组第一位学生在一小时内绘制好图形。所有学生在绘制完图形后，在实验教师的指导下完成加工文件转化和机床操作。

(5) 整个实习过程必须按照实习操作规程进行。

(6) 未经实验教师许可，不得随意操作仪器设备。

11.4　实习步骤

1. 开机后打开 CAXA 线切割软件，绘制图形。图形必须是可以一笔绘制成的封闭式轮廓曲线。即从 A 点出发绘制图形，最后必须回到 A 点。图形中不能有重复的线段，不能有交叉，也不能包含其他图形。绘制完草图后可以用软件自带的裁剪、删除、拉伸等命令修整，最后修复成一个封闭的轮廓图形。

2. 绘制完成后，需要生成加工轨迹，再利用 CAXA 线切割软件自动生成数控 3B 代码。依次单击上方菜单栏的“线切割”和“轨迹生成”，在弹出的对话框中按“确定”键。将鼠标移到图形最低点，单击左键。在第一个双向箭头中单击逆时针方向的箭头，随后在第二个双向箭头中选择指向图形外部的箭头，以确定加工路径。然后用鼠标左键选择图形最下方的某一点作为穿丝点，退回点与穿丝点重合，此时图形外部会出现与图形相重合的绿色轨迹线。再依次单击上方菜单栏中的“线切割”和“生成 3B 代码”，输入文件名并保存。然后移动鼠标，左键选中绿色轮廓线(此时轮廓线变成红色)，再单击鼠标右键，弹出含有 3B 程序代码的 TXT 文本框。

3. 打开桌面上切割程序 WINCUT，单击左上角菜单“打开”，选中刚保存的文件名并打开，使图形出现在屏幕中央。

4. 装夹工件，使图形坐标系与机床坐标系重合。确认屏幕左边的“电机”一栏是否显示为“松”。若不是，单击 F1 键，然后调整 X 轴位置。

5. 确认操作台面板上的“保护”键的灯熄灭，“刹车”键的灯亮起。按下“运丝”，然后按下键盘上的 F2 键，使“高频”开启。

6. 逆时针缓慢转动纵向进给手柄，使铁片靠近金属丝。当碰撞出电火花后，开启“水泵”，再缓慢转动手柄约 1/4 圈，直到产生稳定、明亮的电火花。

7. 按下键盘的 F4 键，此时加工程序自动运行。

8. 加工完成后，检查钼丝是否卡在工件中。若有则通知实验老师取出，若没有则小心取出工件。

11.5　实习报告

一、填空题(25 分，每题 5 分)

1. 数控线切割加工中，工件和电极丝的相对运动是由__________实现的。

2. 电火花线切割加工主要适用于__________、__________等材料，特别适用于一般金属切削机床难以加工的__________或__________零件。

3. 按走丝速度，数控线切割一般可分为__________方式和__________方式。

4. 数控线切割加工中的线径补偿量为____________________。

5. 电火花成型加工的常用电极材料有________、________、________、________。

二、简答题(45 分)

1. 试述数控线切割的原理和应用。

2. 实现电火花加工的条件有哪些？

3. 数控电火花切割机型号 DK7740 的含义是什么？

三、按实际制作过程填写实习加工工艺(共 30 分)

1. 请用流程图阐述你所制作作品的设计思路。

工艺名称		作品名称		原材料	

2. 请按照实习过程将加工过程填入下页的表中。

线切割实训实习流程：

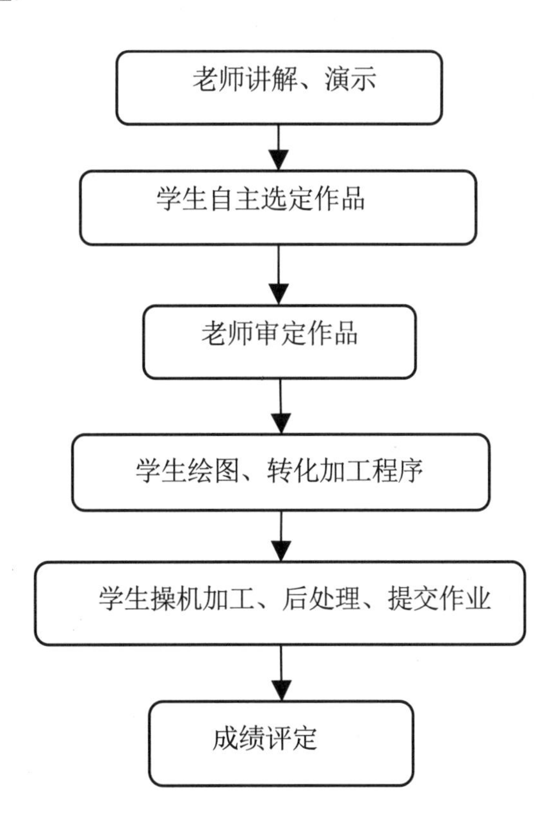

序号	操作步骤	软件、设备、工量具

评分：__________ 指导老师：__________ 时间：__________

第 12 章

3D打印实习

12.1 实习目的

3D 打印技术，又称为增材制造(Additive Manufacturing，AM)和增量制造。3D 打印制造技术的核心思想起源于 19 世纪末的美国，到 20 世纪 80 年代后期，3D 打印技术发展成熟并被广泛应用。1892 年，美国登记了一项采用层叠方法制作三维地图模型的专利技术。3D 打印(Rapid Prototyping，RP)技术通过 CAD 设计数据，采用材料逐层累加的方法制造实体零件。相对于传统的材料去除(切削加工)技术，是一种“自下而上”的材料累加制造方法，现已有数十种工艺方法。3D 打印涉及的技术集成了 CAD 建模、测量、接口软件、数控、精密机械、激光、材料等多种学科。通过本实习教学环节，增强学生勇于探索的创新精神和善于解决问题的实践能力，加深学生对 3D 打印技术原理的理解，熟悉 3D 打印技术的基本工艺过程，以便在今后产品开发和制造过程中能够正确选用该新工艺。

12.2 安全注意事项

1. 实习所用计算机供学生进行模型设计、CAD 设计、3D 打印、程序编制资料查询等。

2. 进入 3D 打印实训室后，应保持实训室环境整洁，不得带任何食物入内，不得乱扔纸屑等杂物。

3. 实验室内不得使用私人 U 盘进行数据拷贝。若确实有需要，应向指导老师申请实训室专用 U 盘。另外，不得擅自更改和删除计算机中的软件，严禁设置各种密码。

4. 若遇计算机出现死机等异常情况，应立即报请指导老师修复，不得擅自进行维修，严禁私自打开计算机和 3D 打印机机箱。打印机出现异常时，应及时报告指导老师，在老师指导下解决异常问题，不得擅自处理，如拆卸零件、拔出打印丝等。

5. 在操作 3D 打印机的过程中，要保持手部干燥，在加工过程中应全程守在设备旁，严禁打印与实习无关的产品。

6. FDM(熔融沉积成型)类型的3D打印机在喷嘴加热过程中，禁止触碰3D打印机的加热部位，以免灼伤。

7. 学生按指定机位就座，未经许可不得私自调换座位。

12.3 实习内容与要求

1. 实习内容

利用3D打印机向学生演示简单零件造型、STL文件生成(录入)、模型分层切片、工艺参数设定以及原型制造的整个过程。

2. 实习要求

(1) 根据模型的复杂程度分组进行，每组2~6人，一般简单模型是2~3人/组，复杂模型是4~6人/组。

(2) 实习前要求学生预习实习指导书。

(3) 实习教师提前做好实习准备，提前预热成型系统。

(4) 每组可推荐一名动手能力强的学生代表在实习教师指导下进行操作。

(5) 整个实习过程必须按照实习操作规程进行。

(6) 未经实习教师许可，不得随意操作仪器设备。

12.4 实习步骤

1. 利用AutoCAD或Solidworks对一个简单零件进行三维造型，形状不限。UP Plus2型3D打印机的加工尺寸是135mm×135mm×135mm，但为节省材料以及缩短成型时间，尺寸不得超过参考值60mm×60mm×10mm。

2. 将所造型的三维实体模型转换为STL文件。

注意，以上两步可要求学生在实习前完成。

3. 3D打印机开机初始化。

(1) 在3D打印机的背面按“开关”键。

(2) 依次单击软件UP Studio和“初始化”，或者长按打印机上的Initialize按钮。

4. 双击打开UP Studio打印软件，导入STL格式的模型文件。

5. 调整模型的大小、成型的方位。

流程：依次单击“旋转”“沿x/y/z旋转90°”“自动布局”。

流程：依次单击“缩放”“选择缩放的比例”“自动布局”。

6. 模型分层切片。

设置合适的层厚，并将模型切片，设置合适的填充比例，根据实际需要勾选“非实体模型”“支撑”“底座”等参数并进行打印预览，规划3D打印的时间以及耗材的多少，成型时间由实习教师根据教学进程进行适当调整。

7. 打印平台水平度校正与喷头高度测试。

(1) 打印平台的水平度校正

将 3.5mm 双头线的插头插入水平校准器的插口，并将水平校准器放在喷头下侧，由水平校准器内置的磁铁将校准器固定在喷头。

流程：依次单击软件“UP Studio”“校准”“自动水平校正”。

(2) 喷头高度测试

将喷头擦拭干净，应将在上一步操作中用到的水平校准器从喷头取下。

将 3.5mm 双头线分别插入“自动对高块”和打印机背面底部的插口。

流程：依次单击软件“UP Studio”“校准”“喷嘴高度测试”，并记录刚才测试的高度。

(3) 喷嘴高度调整

流程：依次单击软件“UP Studio”“维护”，再单击“+”或“－”设定成比刚才所测高度小 0.3mm。在喷嘴直径是 0.4mm 的情况下，喷嘴与打印平台间隙保留 0.2mm 为宜(建议用校准板实测)。

8. 打印材料挤出与撤回。

丝材挤出的流程：依次单击软件“UP Studio”“维护”“挤出”(ABS 打印温度为 270℃，PLA 打印温度为 210℃)。

打印丝材的撤回：一定要等喷头内部的丝完全熔化后，再轻轻将打印丝材取出。

9. 平台预热 15 分钟。

10. 打印成型。

装丝完成进行打印。注意，打印过程中，人不能离开 3D 打印设备，有问题及时按打印软件中点的“停止”键，紧急情况下可直接关闭电源。

打印过程中身体的任何部位不能触碰打印头，以免灼伤。

11. 模型后处理。

将打印面板与模型一并从 3D 打印机上取下，用铲刀将模型铲下，利用美工刀或尖嘴钳等工具对模型进行支撑去除、打磨、上色等。

12. 打印面板装回并关闭设备电源。

12.5　实习设备简介

下面以北京太尔时代科技有限公司 UP Plus2 型为例介绍设备组成。UP Plus2 型 3D 打印机是采用 ABS 或者 PLA 塑料丝材，依据 FDM 工艺原理构成的一台快速成型设备。其成型原理如图 12-1 所示。

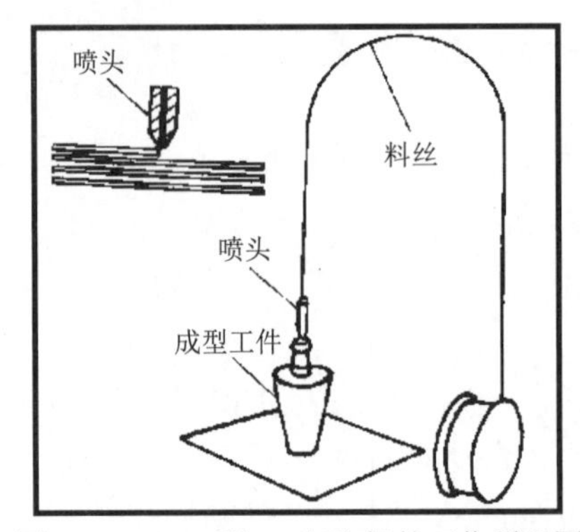

图 12-1 FDM 型 3D 打印机的工作原理图

3D 打印的系统结构包括如下几个组成部分。

控制系统：主板、Windows 操作系统。

系统主框架：快速成型系统的主体结构，包括扫描运动系统、喷头、送丝机构、加热与温控系统等。

X、Y、Z 扫描运动系统：维持系统成型运动，X、Y 轴交流伺服控制喷头的水平运动，Z 轴步进伺服电机控制喷头的垂直运动。

喷头及送丝机构：由供丝盘、送丝驱动机构、喷头以及送丝管组成。

工作平台：在此平台进行零件的成型作业。

UP Plus2 型 3D 打印机的具体结构如图 12-2、图 12-3 和图 12-4 所示。

需要用到的打印软件是 UP Studio。

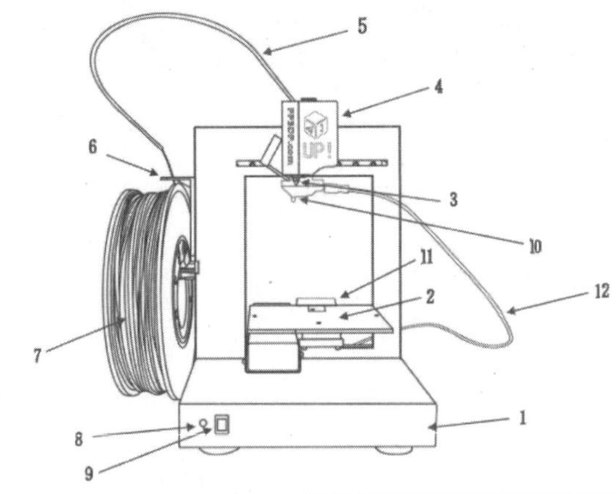

序号	名称	序号	名称
1	基座	7	丝材
2	打印平台	8	信号灯
3	喷嘴	9	初始化按钮
4	喷头	10	水平校准器
5	丝管	11	自动对高块
6	材料挂轴	12	3.5mm 双头线

图 12-2 UP Plus2 型 3D 打印机的结构图

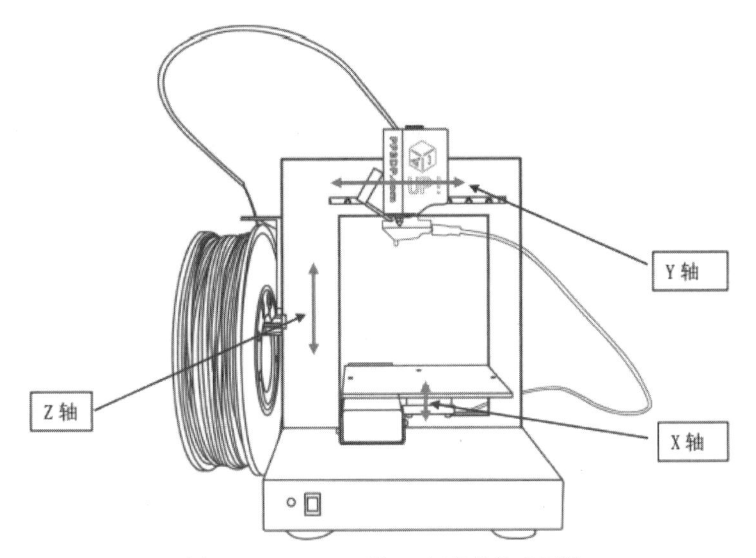

图 12-3 UP Plus2 型 3D 打印机的坐标轴

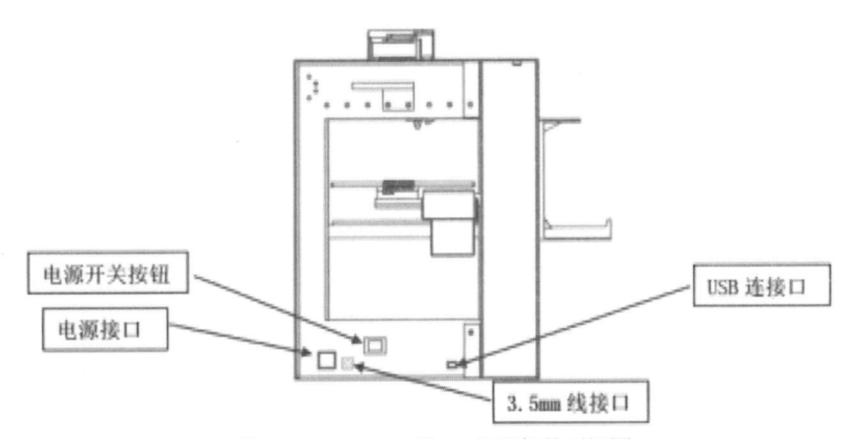

图 12-4 UP Plus2 型 3D 打印机的后视图

12.6　实习报告

根据实习内容和实习过程，书写实习报告。了解 FDM 工作原理，并与其他快速原型工艺方法进行比较，分析其工艺特点。

一、填空题(25 分)(请同学们预习完成)

1. 3D 打印主要应用__________原理。
2. 3D 打印的工艺过程一般包括______________________________________。
3. 设计软件与 3D 打印机之间协作的标准文件格式是__________。该格式文件使用_________来近似模拟物体表面。
4. 设计的实体模型必须是一个明确定义的________________。
5. FDM 通常使用的材料是热塑性材料，如_________________。

二、简答题(30 分)

1. 试述 3D 打印的原理和应用。

2. 桌面级 3D 打印设备的主要结构是什么？以 UP Plus2 3D 打印机为例进行说明。

3. 快速原型技术通常可以分为哪五种？

三、请按照实际加工过程填写实习加工工艺(45 分)

1. 请用流程图阐述你所打印作品的设计思路。

作业名称		作品名称		3D 打印材料	

2. 请按照实习过程将加工过程填入下页的表格中。

3D 打印实习流程如下：

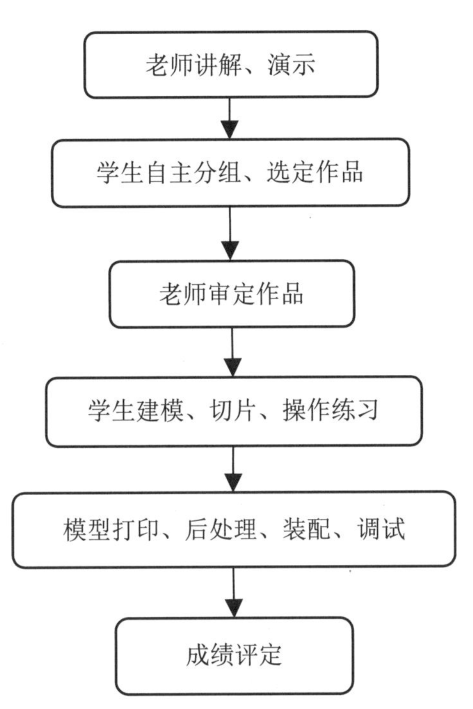

序号	操作步骤	所需的软件、设备、工量具

四、附加题(30 分)(对于参加三周或者四周实习的同学为必做题，参加一周或者两周实习的不做要求)

1. 利用 FDM 类型的 3D 打印机加工时，如何更高效地完成产品的制作？试举出三项措施。

2. 若不考虑打印材料的影响，请阐述如何解决 3D 打印机喷嘴堵丝问题？

评分：__________________指导老师：__________________时间：__________________

第 13 章
激光雕切实习

13.1 实习目的

激光是 20 世纪以来继核能、计算机、半导体之后，人类的又一重大发明，被称为“最快的刀”“最准的尺”“最亮的光”。激光应用广泛，有激光雕切、激光打标、激光焊接、光纤通信、激光测距、激光雷达、激光武器、激光唱片、激光矫视、激光美容、激光灭蚊器、LIF 无损检测技术等，其中激光雕切是激光技术最常见的应用。激光雕切技术涉及光学、计算机数字控制技术(CNC)、计算机辅助设计(CAD)、材料、电气等多学科领域知识。通过本实习教学环节，使学生能够掌握激光雕切加工的基本原理，了解激光雕切设备的组成，并独立操作激光雕切设备完成作品加工，引导学生在激光雕切作品的设计理念上独具匠心、绘图建模时精益求精、加工过程中团结协作。

13.2 安全注意事项

1. 实习所用计算机供学生设计激光雕切作品图形、设置加工参数、生成加工程序文件以及查询资料等。

2. 进入激光雕切实训室后，应保持实训室环境整洁，不得带任何食物入内，不得乱扔纸屑等杂物。

3. 实验室内不得使用私人 U 盘进行数据复制，若确实有需要，应向指导老师申请实训室专用 U 盘；另外，不得擅自更改和删除计算机中的软件，严禁设置各种密码。

4. 如遇计算机出现死机等异常情况，应立即报请指导老师修复，不得擅自维修，严禁私自打开计算机和激光雕切设备机箱；设备出现异常时，应及时报告指导老师，在老师指导下解决异常问题，不得擅自处理，如拆卸设备、调整激光头位置等。

5. 在操作激光雕切设备加工前不要打开激光电源，在加工过程中应保持防护门关闭。全程守在设备旁，透过玻璃窗观察加工情况，严禁加工与实习无关的产品。

6. 加工过程中，禁止将头、手或身体其他部位放入激光雕切设备中，以免激光灼伤。

7. 防护门的关闭与开启均由单人双手正面操作，严禁出现多人开关防护门的情况，轻拿轻放，避免防护门夹伤手指。

8. 严格按照激光雕切设备加工操作步骤进行实操加工，严禁遗漏步骤或增加无效步骤。

9. 加工完成后对设备内加工废料进行清理，保持设备清洁。

10. 学生按指定机位就座，未经许可不得私自调换座位。

13.3 实习内容与要求

1. 实习内容：利用 CO_2 激光雕切一体机，向学生演示一个书签件从图形绘图设计、DXF 文件导入、图形二次编辑、激光加工参数设定、加工 RLD 文件生成到实物制作的整个过程。

2. 实习要求：

(1) 根据模型的复杂程度分组进行，每组 2~6 人。一般情况，简单作品(书签件)是 2~3 人/组，复杂作品(折叠件、拼接件)是 4~6 人/组。

(2) 实习前要求学生预习实习指导书。

(3) 实习教师提前做好实习准备，准备好加工材料、工具。

(4) 每组可推荐一名动手能力强的学生代表在实习教师指导下执行操作。

(5) 整个实习过程必须按照实习操作规程进行。

(6) 未经实习教师许可，不得随意操作仪器设备。

13.4 实习步骤

1. 学习激光的起源、激光形成的基本原理、激光加工技术的应用等基础知识，对激光雕切实习内容有大致的了解。

2. 针对理工科专业的学生，我们要求进行复杂的折叠件、拼接件设计与制作；对于经管类专业的学生，我们要求进行简单的书签件设计与制作。

利用 AutoCAD 或 CorelDRAW 进行绘图设计，CO_2 激光雕切一体机的允许加工尺寸是 1300mm×900mm，但为节省材料以及缩短加工用时，书签件尺寸一般参考值为 50mm×50mm，折叠件尺寸一般参考值为 200mm×200mm，拼接件尺寸一般为 500mm×250mm。设计完成后，将设计图纸转换为 DXF 文件。

注意，以上两步可要求学生在实习前通过线上学习完成。

3. 激光雕切加工参数设置：

(1) 将 CAD/CorelDRAW 中生成的绘图文件或图片导入 RDWORKSV8 软件中，应注意的是由于此软件使用的是 RLD 格式的文件，因此要制作或编辑其他格式文件，必须通过软件菜单栏中的“导入”功能来完成。

(2) 对待加工文件或图片进行二次编辑与修饰排版，主要包括删减图像重合线，检查扫描图形是否封闭，删除多余线条、重叠线条，插入边框、文字等。

(3) 针对不同的加工工艺对加工对象进行图层设置。其设置方法是在“图层”工具栏中挑选任意颜色，并单击“工具”按钮来改变被选取对象的颜色，处于按下状态的按钮的颜色即为当前图层颜色，不同颜色代表不同图层，对象的颜色仅为对象轮廓的颜色。

(4) 按照加工工艺设定图层的工艺参数。设置方法是在图层列表(如图 13-1 所示)内双击要编辑的图层，即会弹出“图层参数”设置界面(如图 13-2 所示)。图层参数共有两部分：一部分是公用图层参数，即无论图层的加工类型如何均有效的图层参数，公用图层参数设置直接决定能否加工成功；另一部分是专有图层参数，即图层的加工类型变化所对应的参数会发生变化，专有图层参数一般为默认参数，不做修改。

图层	模式	速度	最小功率	最大功率	输出
	激光切割	100.0	30.0	30.0	是
	激光切割	100.0	30.0	30.0	是
	激光切割	100.0	30.0	30.0	是
	激光切割	100.0	30.0	30.0	是

上移　下移

图 13-1　图层列表显示界面

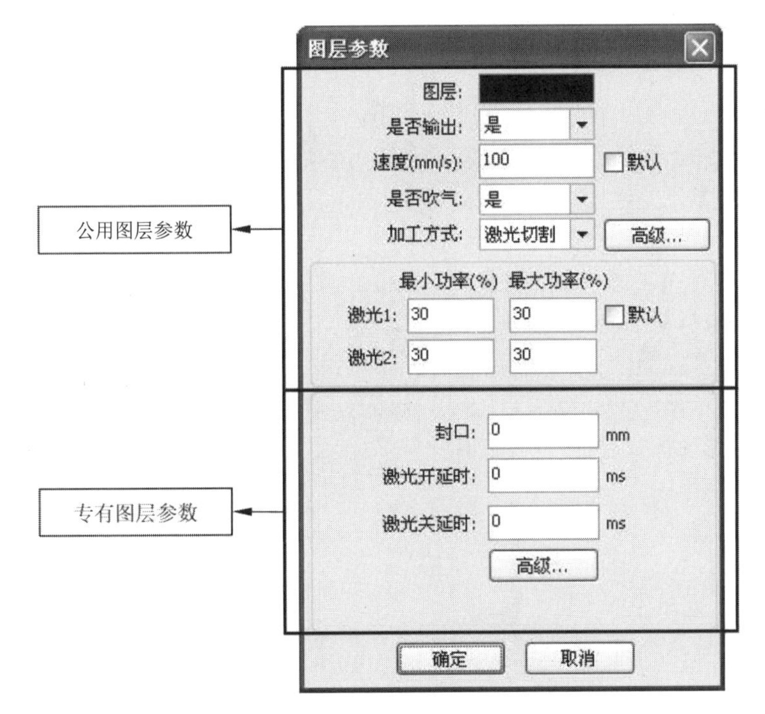

图 13-2　图层参数设置界面

在激光雕切实训中，常用材料加工参数见下表。

序号	材料类型	激光雕切		激光扫描	
		速度/(mm/s)	功率/%	速度/(mm/s)	功率/%
1	亚克力板 (厚度为 3mm)	10	40	100	20
2	牛皮纸 (厚度为 0.5mm)	980	8	180	12
3	皮革	100	20	300	13

注意，以上参数一般可以直接使用，但若加工效果不理想，根据不同情况及材料，可灵活地进行相应修改。

(5) 在“编辑”菜单中，选择加工预览，对待加工图形的切割顺序及切割方式进行观察，并判断是否合理。

(6) 在 RDWORKSV8 软件中编辑完毕后，对加工图形进行保存。应注意 RDWORKSV8 软件保存的是 RLD 格式，可保存加工图形的信息以及各图层的加工参数；若把导入的图形数据保存为 RLD 文件，可方便此图形以后的输出加工。

(7) 各项参数调试完毕无误后，开始加工。

4. 激光雕切加工实操流程：

(1) 将二次编辑后的 RLD 文件导入 RDWORKSV8 软件中，再次检查文件，确认尺寸是否符合要求，确认图层参数、图层顺序是否正确。

(2) 检查插气泵、排风、总电源插头。

(3) 先开红色总电源按钮。

(4) 打开防护门。打开防护门注意事项如下。

① 开启过程中不允许剧烈晃动。

② 侧边围观学生要远离。

③ 单人、双手操作。

(5) 打开急停开关，等待激光头复位、回位。

(6) 放置材料(材料不能放在纵杆、排风口上)。

(7) 调整激光头位置(控制设备操作面板上的上下左右方向键)。

(8) 设置“走边框”(在 RDWORKSV8 软件上，单击“走边框”按钮，速度设置为 50，等待激光头沿着图形边框空运行一次，观察材料与作品大小是否相适)。

(9) 正式加工。

① 关闭防护门。

② 检查气泵(插头、接线管、黑色小把手)。

③ 检查水箱(插头、指示灯、温度)。

④ 按下激光开关(绿色按钮)。

⑤ 单击“开始”。

(10) 加工完成。

① 嘀嘀声后结束加工。

② 关闭激光开关。

③ 打开防护门，取出作品。

④ 清理加工碎屑。

⑤ 关急停开关、关电源、拔插头(放回挂钩上)。

13.5 实习设备简介

13.5.1 系统结构组成

TY-CN-100 型 CO_2 激光雕刻/切割一体机由操作控制面板、电控柜、激光器、工件操作平台、恒温水冷机、负压吸尘风机等系统组成。

1. 机器外观如图 13-3~图 13-6 所示。

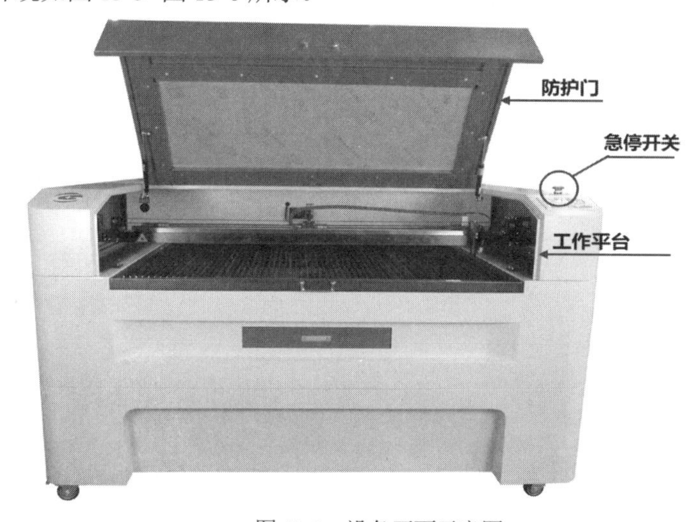

图 13-3 设备正面示意图

图 13-4 设备背面示意图

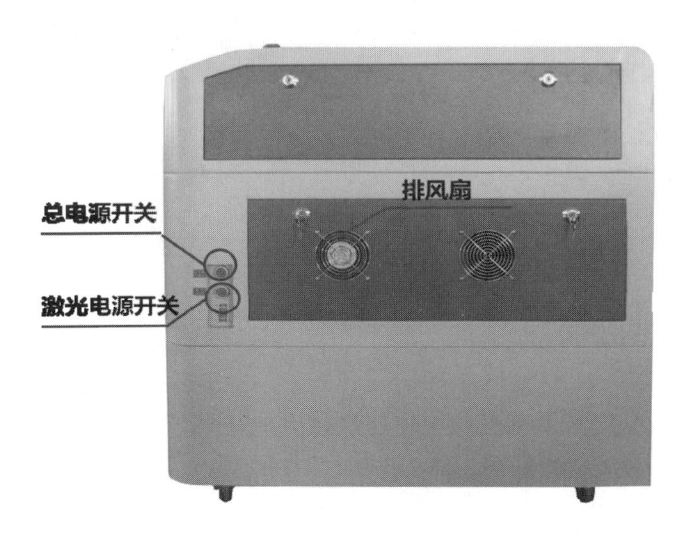

图 13-5　设备侧面示意图

图 13-6　操作平台示意图

2. 操作控制面板如图 13-7 所示。

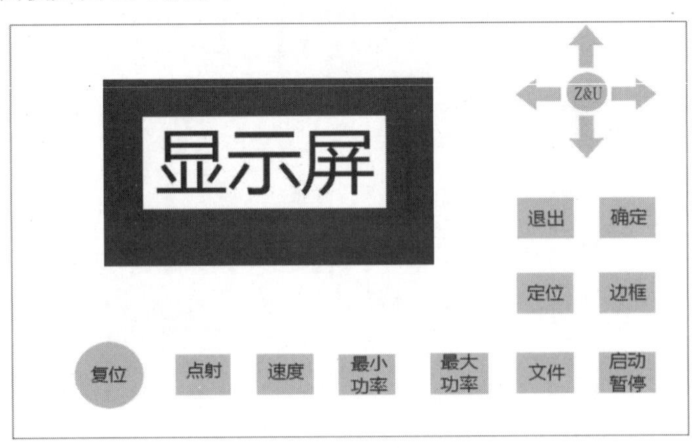

图 13-7　操作控制面板示意图

3. CO_2激光器如图 13-8 所示。

图 13-8　CO_2激光器示意图

4. 恒温水冷机如图 13-9 所示。

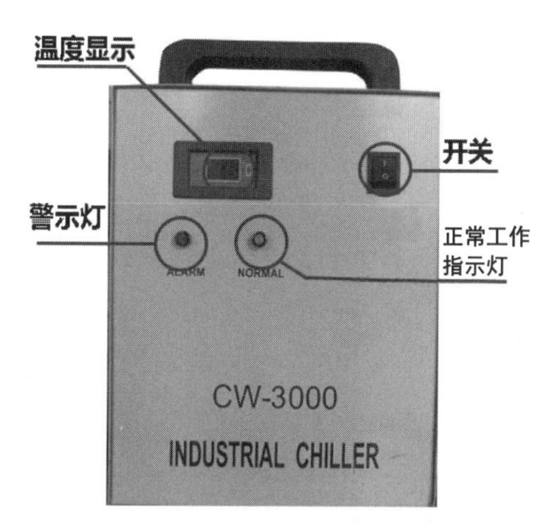

图 13-9　恒温水冷机示意图

5. 电控板如图 3-10 所示。

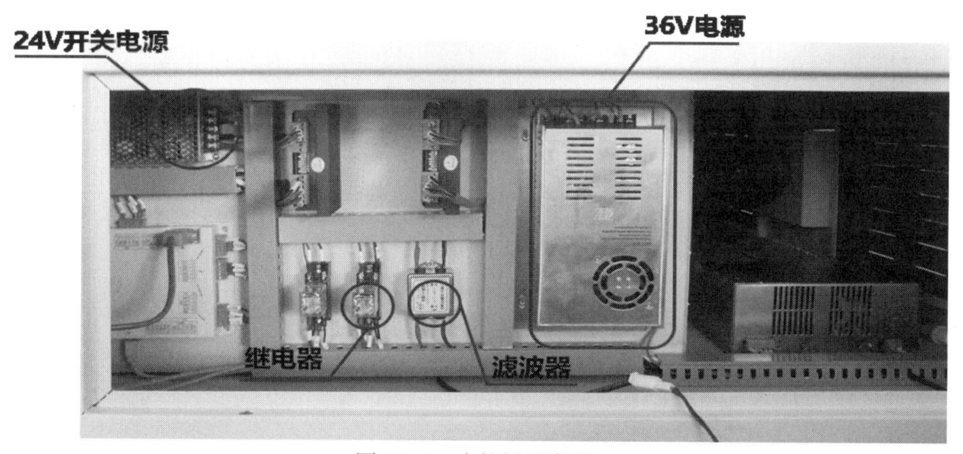

图 13-10　电控板示意图

6. 负压吸尘风机如图 3-11 所示。

图 13-11　负压吸尘风机示意图

13.5.2　工作原理与技术参数

1. 工作原理。

激光电源产生瞬间高压(约 2 万伏特)激发激光器内部的二氧化碳气体，激发的粒子流在激光管内的谐振腔产生振荡，并输出连续激光。计算机雕刻切割程序一方面控制工作台做相应运动，另一方面控制激光输出。输出的激光经反射、聚焦后，在非金属材料表面形成高密度光斑，使加工材料表面瞬间气化，然后由一定气压吹离气化后的等离子物形成切缝，从而实现激光雕切的目的。

2. 技术参数。

如下表所示。

序号	关键参数	参数详情	序号	关键参数	参数详情
1	激光波长	10.64 μm	7	切割速度	≤38000mm/min
2	激光器	封离式 CO_2 激光器	8	激光最大输出功率	100W
3	工作幅面	1300mm×900mm	9	激光能量调节	0%～100%手动/自动(软件设定)
4	切割厚度	≤20mm(视切割材料而定)	10	冷却方式	循环水冷
5	切割线宽	≤0.5mm	11	使用电源	220V/50Hz/2kW
6	冷却水温	5～30°C			

13.5.3　产品特点

1. 采用 CO_2 激光器作为设备的工作光源，根据电流调节出光功率，其调节范围适于切割不同厚度的材料。利用其优异的加工性能，通过采用非接触式加工方法，完全不会损伤加工工件，使加工质量得到极大提高。

2. 二维工作台采用步进电机驱动双层结构，通过 17 位旋转编码器实现高精度运动控制，系统分辨率可达 0.02mm。配合进口直线导轨，确保光刀运行精确、平稳，能稳定可靠地工作。

3. 采用半飞行光路系统，加工幅面大；同时设备三面均采取开口设计方式，方便上料。

4. 支持各种通用图形软件生成的 PLT、BMP(1 位)、DXF 文件格式，可制作各种图形、文字，图文丰富、规范。

5. 采用目前国际流行的模块化电器设计方案，系列产品电器模块均通用。整机具有连续工作、稳定性好、切割工作速度快、定位精度高、操作维护简便等优点。

6. 采用专用激光雕切软件，功能丰富，人机界面友好，操作简捷。

7. 采用矢量与点阵混合工作模式，可在同一版面上完成切割工作。

13.5.4　适用范围

1. 切割材料

橡胶板、有机板、塑料板、亚克力板、双色板、胶合板、木板、大理石、瓷砖、防火板、绝缘板、纸板、皮革、人造革、织物、砂布、砂纸等非金属材料。

2.　应用领域及服务对象

包装印刷版(瓦楞纸箱、编织袋)、模型(建筑、航空、航海)、广告牌、工艺品、装饰板、喷印模板、制鞋制衣用模板、模切板、灯箱板等。

13.6　实习报告

一、填空题(20分)(请同学们预习完成)

1. CO_2激光雕切一体机使用的是________激光器，其关键组成部分激光管主要是由________、________、________构成，该激光器所采用的激励方式是________，产生的激光波长是________，属于对人体有严重伤害作用的________，在使用过程中应避免________。

2. CO_2激光雕切一体机在________、________、________、________等行业中应用广泛。

3. 冷却水箱的主要作用是________，防止因温度过高导致激光器________、________。

4. CO_2激光雕切一体机正常使用温度为________，温度过低会导致________，温度过高会导致________。

5. CO_2激光雕切一体机的加工方式主要有________、________。

二、简答题(30分)

1. 试述CO_2激光雕切加工的工作原理(以TY-CN-100型CO_2激光雕切一体机为例)。

2. 简述激光器的组成部分及作用。

三、按实际制作过程填写实习加工工艺(50 分)

作业名称		作品名称		材料	

CO_2 激光雕切作品制作过程：

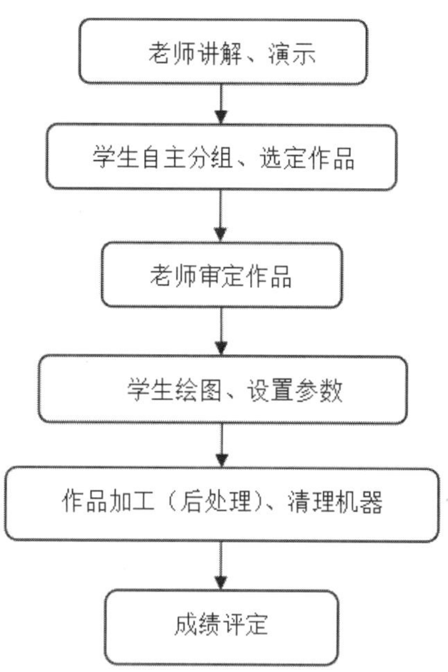

序号	操作步骤	软件、设备、工量具

评分：__________________指导老师：__________________时间：________________

第Ⅳ篇

综合与创新

第 14 章 智能制造实习

14.1 实习目的

智能制造(Intelligent Manufacturing，IM)是一种由智能设备和人类专家共同组成的人机一体化智能系统，它能在制造过程中执行智能活动，如分析、推理、判断、构思和决策等。通过人与智能设备的合作，去扩大、延伸智能活动范围，部分取代人类专家在制造过程中的脑力劳动。它把制造自动化的概念更新，扩展到柔性化、智能化和高度集成化。通过本实习教学环节，引导学生认识智能制造生产线中的各个基础设备，巩固已学的机电一体化知识(包括机械、气动、电子电路、电气控制与 PLC 等知识)，培养学生机器人在线编程与现场操作能力，培养关键机械连接与装夹装置结构设计能力，培养学生的自动化生产线及设备的操作能力、元器件识别和应用能力、设备的安装调试能力、故障检修和设备维护能力、联网能力以及自动线的简单设计能力。

14.2 安全注意事项

1. 操作人员必须是经过培训，熟练掌握相关设备的专业老师。
2. 智能制造系统工作时，操作人员需要实时监视各个工作站及电力系统运行情况。
3. 观察智能制造系统工作时必须站在规定区域内，不得进入系统工作区域。
4. 智能制造系统内 ABB 机械臂工作范围、AGV 小车行驶路线上严禁站人、设置障碍物，避免机械臂、小车与人或物发生碰撞事故。
5. 智能制造系统内高压设备均需要安全接地，各机械臂的控制电路板额定电压均为 380V，严禁非专业人员带电作业。
6. 智能制造系统内各工作站、辅助设备均需要进行日常点检与定期维护。
7. 各设备出现故障时，需要联系专业人员进行检修，并做好故障记录。
8. 智能制造系统内数控机床运行前应检查液压系统、润滑系统是否正常；结束工作后，应清除切屑、擦拭机床，使机床与环境保持清洁状态。

9. 激光焊接工作站运行前检查水冷系统是否正常，保持循环水洁净，及时更换滤芯与循环水；校准工装夹具的定位，避免机械臂抓取出现偏差。

10. 智能制造系统内的机器人组装工作站运行时，应避免出现“X-Y-Z 轴”机械爪夹伤、气动元件压伤；传送带需要定期校准，以保证运料准确无偏差。

11. 智能制造系统内的激光打标与视觉检测工作站运行时，避免眼睛直视激光或用身体触碰激光；保持视觉检测用摄影头洁净，不能用手直接擦拭摄像头。

12. 智能制造系统内的立体仓库堆垛机器人工作站运行时，应防止“X-Y-Z 轴”机械爪夹伤；仓位保持整洁，保证传感器正常工作。

13. 实验室应保持洁净少尘，环境温度为 0~40℃，相对湿度为 10%~70%。

14. 智能制造系统实验室内严禁存放易燃、易爆物品。

14.3　实习项目

14.3.1　智能制造认知实习

1. 智能制造概念

国家层面概念：《智能制造发展规划(2016—2020 年)》(工信部联规〔2016〕349 号)指出，智能制造将新一代信息通信技术与先进制造技术深度融合，是贯穿于设计、生产、管理、服务等制造活动的各个环节，具有自感知、自学习、自决策、自执行、自适应等功能的新型生产方式。

生产层面概念：借助物联网设备辅助机器人设备，完成物料周转到产品入库的整个生命周期的工作。

2. 智能制造综合训练平台组成

该系统是一个由 MES 系统、数控铣/车加工中心、ABB 工业机械臂、激光焊接工作站、机器人装配工作站、激光打标工作站、自动检测工作站、立体仓库堆垛机器人工作站、AGV 小车等基础培训模块和计算机信息控制系统有机结合组成的智能制造综合训练平台。

3. 智能制造系统分模块介绍

(1) MES 系统

MES(Manufacturing Execution System，制造执行系统)是面向车间生产的管理系统。在产品从工单发出到成品完工的过程中，MES 起到传递信息以优化生产活动的作用。图 14-1 显示了 MES 系统功能的组成。

图 14-1　MES 系统功能组成

MES 系统是一个环境也是一个架构，企业引进 MES 的目的在于降低没有附加价值的活动对工厂营运的影响，进而改善企业制程，MES 提高生产效益。MES 将实时的信息和其他信息系统(如生产流程规划系统等)结合，使得企业、工厂或流程控制系统之间的鸿沟得以填平。企业使用 MES 后可缩短生产周期、减少在制品(WIP)、增强准时交货能力、改善产品质量，进而降低生产成本、增加总生产盈余，是高科技及高度竞争产业的生存利器。

在本智能制造系统中，我们可以通过 MES 系统实现对整个智能制造生产线的控制，包括制定生产排产计划、启动与暂停生产线、控制生产节拍、查阅生产即时信息等。

(2) 数控车床上下料工作站

图 14-2 显示了数控车床上下料工作站。

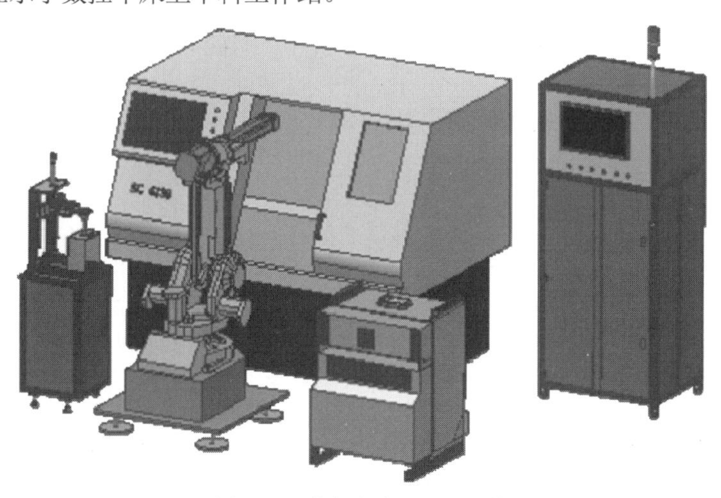

图 14-2　数控车床上下料工作站

数控车床加工上下料工作站主要由 1 台数控车床、1 台型号为 IRB1410-ABB 的六轴移动式工业机器人和 1 台 AGV 小车组成，是可以独立完成零件加工的生产工作单元。该工作站中的数控车床还可在不联网使用的情况下单独实训使用。数控机床负责零部件相应的数控加工，六自由度机器人配合 AGV 小车完成两台工件自动上下料工作。为适应智能制造加工与自动化集成要求，机床经过自动夹具、自动开关门、I/O 接口扩展、机床 DNC/MDC 联网等智能自动化集成改造，将普通的单机操作数控机床改造成可联网通信的自动化生产机床，从而实现与机器人、外围控制设备的数据交换与协同作业功能。

在加工工件时，ABB 机械臂首先把毛坯件通过特制夹具夹住，自动打开车床安全门，然后送入机床开始加工。当毛坯件端部的第一面加工完毕后，自动打开安全门，由机械臂从车床里卸下加工完第一面的零件，然后将其传送到在机械臂防护罩内的“翻转工作模块”。并通过这一模块将工件有效地翻转，使未加零件朝上，并再次由机械臂夹紧送入数控车床加工。当车床将毛坯加工成完整零件时，机械臂便从车床上取下零件，并将零件放置在 AGV 小车上运送至下一个工位。

(3) 数控加工中心上下料工作站

图 14-3 显示了数控加工中心上下料工作站。

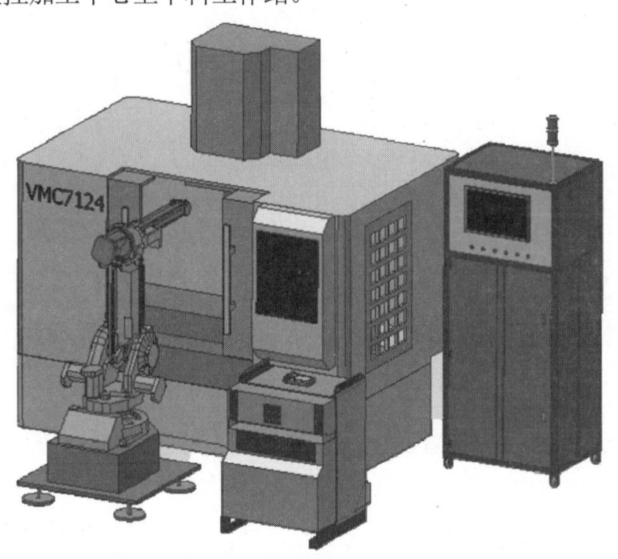

图 14-3　数控加工中心上下料工作站

数控加工中心上下料工作站主要由 1 台数控铣床、1 台型号为 IRB1410-ABB 的六轴移动式工业机人上下料系统和 1 台 AGV 小车组成，是可以独立完成零件加工的生产工作单元。其功能特性与数控车加工中心上下工作站类似。常见的加工工艺有平面铣削、轮廓铣削，也可对零件进行钻、镗、扩。

在智能生产线中，配套机械臂把 AGV 小车运送过来，车床加工好的零件通过专用夹爪夹住，此时机械臂向数控铣床发出信号，数控铣床收到信号后将自动打开数控加工中心安全门，机械臂等待安全门开启后将零件送入数控加工中心对零件进行铣削、通孔攻牙。当数控加工中心加工完零件后，安全门自动打开，机械臂伸入夹具中取出零件，并将其放在下一工位 AGV 小车上，运送到下一个工作站。

(4) 激光焊接工作站

图 14-4 显示了激光焊接工作站。

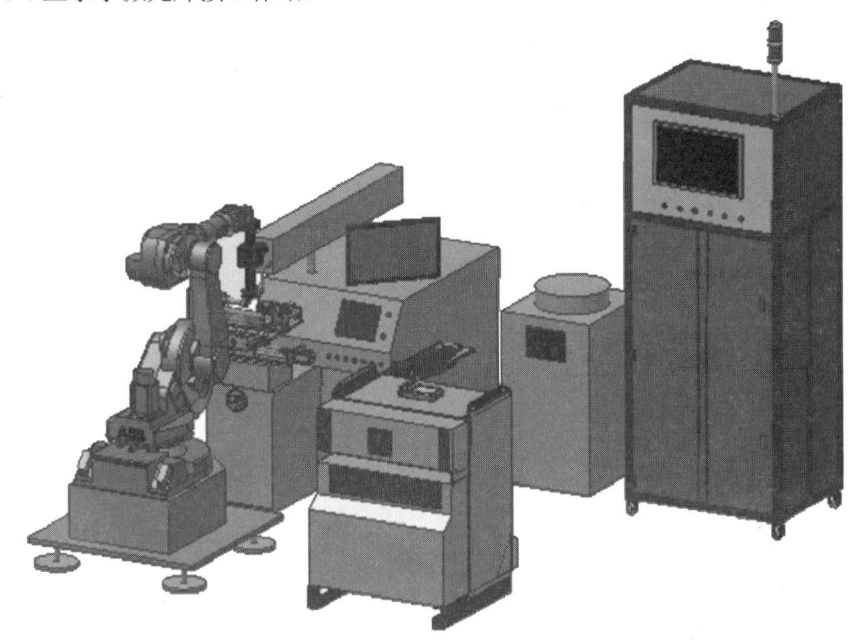

图 14-4 激光焊接工作站

激光焊接工作站主要由 1 台型号为 TY-LF-300 的小型激光焊接机、1 台型号为 IRB1410-ABB 的六轴移动式工业机人上下料系统组成。该工作站采用一体化设计，结构紧凑美观。激光光束模式好、能量稳定、性能稳定、使用可靠、焊接速度快、适焊范围广、消耗品和易耗件使用寿命长，同时充分考虑设备在批量生产时的各种参数，从细节上做到关键参数可调。常见加工方式有脉冲激光焊和连续激光焊。在第三道工序中，将采用脉冲激光焊的方式将两个零件焊接在一起。

加工好的零件由 AGV 小车运送到激光焊接工作站，机械臂夹取零件靠近特殊的工装夹具，工装夹具上的传感器检测到零件放入夹具时，会通过气动夹爪夹紧工件，采用同样的方式将两个需要焊接的零件夹取至特殊工装夹具的两端。零件装夹完成后，夹具向中间合拢，两个零件紧紧贴合，置于焊接激光束下。检测到零件达到指定位置后，激光焊接机开始运行，发出激光，夹具夹取两个零件旋转 360°，将两个零件焊接在一起。焊接完成后，气动夹爪松开工件，机械臂改变姿态，通过特殊的工装夹具取下零件，将其传送到下一工位上。

(5) 机器人组装工作站

图 14-5 显示了机器人组装工作站。

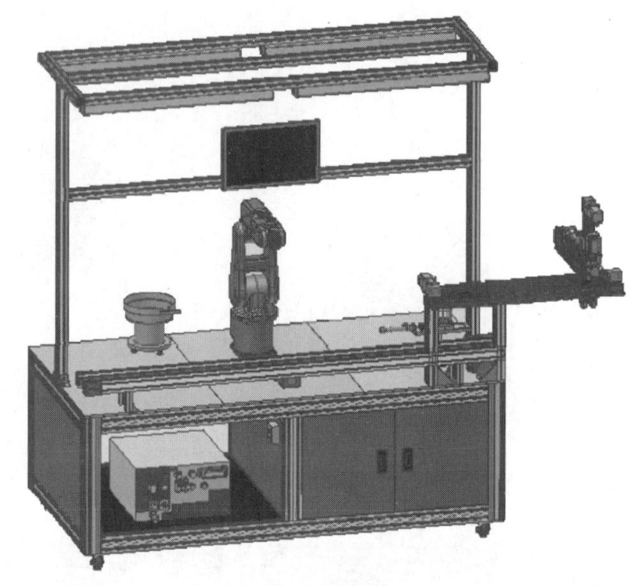

图 14-5　机器人组装工作站

机器人组装工作站可对系统加工完成的工件进行自动装配，是工业机器人应用的典型工作站，也是一个可进行二次应用开发扩展的综合性集成应用工作站。它集成了工业机器人、气动执行元件、传感器元件、网络连接元件，是一个具有一定复杂程序的工业机器人集成应用平台。

传送带将已加工好的零件输送到机器人组装工作站，同时送料模块将零件本体输送到零件组装位置，通过机器人组装工作站 X 轴机械手将 AGV 小车上的零件用特殊夹爪夹住，搬运到输送带零件组装位置与本体完成组装。零件组装完成后，通过输送带运输到匹配螺丝工作模块，机械手通过特殊夹爪夹住振动盘输送出来的螺丝，并且拧紧到零件上，完成零件的固定。

(6) 激光打标与视觉检测工作站

图 14-6 显示了激光打标与视觉检测工作站。

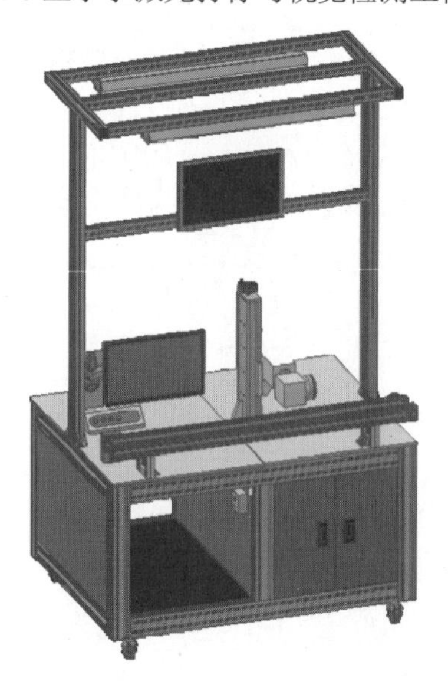

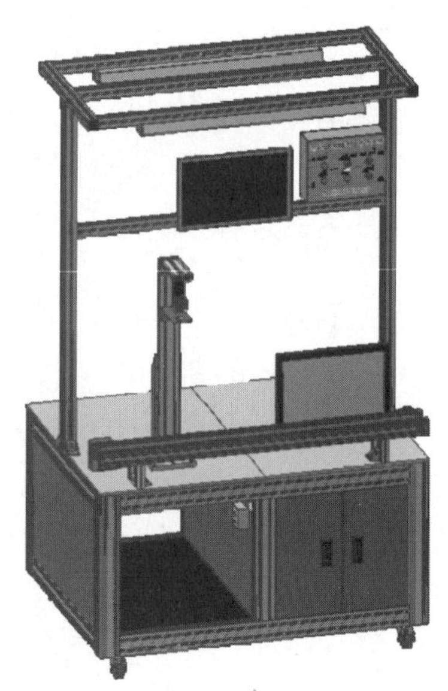

图 14-6　激光打标与视觉检测工作站

激光打标工作站对物品进行标识刻印，采用非接触方式进行激光刻印。激光打印内容根据学员自行设计的文件通过 DXF 格式文件便可以进行导入更换。运用先进的激光技术，采用光纤激光器输出，再经扫描振镜系统实现打标功能。而常用的方式有投影式打标、阵列式打标和扫描式打标。

视觉检测工作站主要构成有：光学影像测量仪、检测光源、控制系统、检测台、检测分析软件、工件检测夹具平台等。能有效提高生产流水线的检测速度和精度，大大提高产量和质量，降低人工成本，同时防止因为人眼疲劳而产生的误判。

零件在激光打标工作站完成打标后，由传送带平稳匀速输送。到达视觉检测工作站时，输送带处于平稳匀速输送状态，同时触发工业视觉系统拍照。工业视觉系统通过拍出的照片进行对比、分析、数据处理，得到的数据通过总线通信方式传输到 PLC 控制系统，PLC 控制系统再根据接收到的数据发送到监控系统。实现整个系统的数据处理、信息实时监控。

(7) 立体仓库堆垛机器人工作站

图 14-7 显示了立体仓库堆垛机器人工作站。

图 14-7　立体仓库堆垛机器人工作站

自动化立体仓储系统是现代物流系统中迅速发展的一个重要组成部分，主要由高层货架、巷道堆垛机、立库控制系统、出入库平台、立库信息显示看板以及立库实时管控软件组成。出入库辅助设备及巷道堆垛机能够在计算机管理下，完成货物的出入库作业，实现存取自动化，能够自动完成货物的存取作业，并能对库存的货物进行自动化管理；大大提高了仓库的单位面积利用率，提高了劳动生产率，降低了劳动强度，减少了货物信息处理的差错，允许合理有效地进行库存控制。

加工好的成品在视觉检测系统检测完成后，由传送带平稳匀速输送，到达堆垛机及立体仓库工作站，输送带处于平稳匀速输送状态，同时触发堆垛机工作。堆垛机根据工业视觉检测到的数据(包括零件尺寸、零件类型、零件条形码的数据)，与立体仓库储存数据对比，输送到对应的仓储位置。零件储存到对应的仓储位置后，通过PLC系统向监控系统上传相应的数据，实现整个系统的数据处理、信息实时监控。

14.3.2 智能产线系统启动实习

1. 系统上电

首先，电控箱内依次打开智能生产线总电源、数控加工中心总电源、控制工作站总电源、空压机总电源；接着，在总控台上依次按下两排显示各工作站状况的绿色上电按钮(按下后可观察到对应工作站指示灯亮起，表示各工作组已上电)；最后，按下总控台上的“复位”按钮，观察到各工作站指示灯黄灯闪烁后，再按下“启动”按钮，可观察到各工作站指示灯绿灯常亮，表示系统已成功上电开机，处于待命状态。

2. 设备待机

(1) 数控车床待机准备

机床开机：按下启动按钮NC ON。

取消急停：等待机床启动完成后旋起“急停”旋钮。

复位报警：单击“复位”按钮取消报警。

主程序载入：单击“编辑”按键，在编辑模式下单击PROG按键，通过方向键将光标移动至程序。先单击“操作”软键后单击“主程序”软键载入主程序。

参数设置或检查：“主轴倍率”设置为100%，“进给/快移倍率”设置为100%。

启动主程序：单击“自动”按键，在自动模式下单击“循环启动”完成待机准备。

(2) 数控加工中心待机准备

机床开机：按下启动按钮NC ON。

取消报警：等待，机床启动完成后旋起“急停”旋钮，按下RESET按钮取消报警。

主程序载入：单击EDIT按键，进入编辑模式单击PROG按键。在编辑栏中输入主程序名，按“0检索”软键进入编辑页面，设置成功。

参数设置或检查：“主轴倍率”设置为100%，“进给/快移倍率”设置为100%。

启动主程序：单击“AUTO”按键，在自动模式下单击CYCLE START完成待机准备。

(3) ABB机械臂待机准备

机械臂开机：按下启动按钮。

取消急停：等待，机械臂示教器显示开机后旋起控制台上的“急停”旋钮。

主程序载入：旋转模式调节按钮，调整至“自动”模式，示教器上将自动弹出主程序载入窗口，单击“确定”完成主程序载入。

主程序启动：等待示教器上显示主程序，单击屏幕下方的“PP移至MAIN”按钮，使得主程序加载至第一步，完成待机准备。

(4) 激光焊接机待机准备

设备开机：旋转设备“启动”按钮。

子系统启动：分别按下“电脑”“照明”“脱机”“红光”“驱动”的绿色按钮。

取消急停：等待，电脑屏幕显示开机后旋起控制台上的“急停”旋钮。

设备启动：电脑开机后，设备完成待机准备。

(5) 激光打标机待机准备

设备开机：打开配套电脑。

启动软件：等待电脑开机后，打开桌面 EZCAD 软件。

选择加工文件：进入 EZCAD 软件后选择设置好的加工文件“湖南工程学院”，完成待机准备。

(6) 视觉检测待机准备

设备开机：打开配套电脑。

启动软件：等待电脑开机后，打开桌面 Revision 软件。

加载配置文件：进入 Revision 软件后载入已设置好的配置文件“ce shi”，完成待机准备。

(7) AGV 小车待机准备

设备开机：旋转小车启动开关，听到提示音后完成待机准备。

电量检查：观察小车电池电量提示灯。注意，红色为低电量，严禁使用，避免使用过程中小车停电导致生产线停止工作。

3. 系统启动

将原材料放在第一台 AGV 无人小车上，按下“前进”按钮，整个智能生产线开始工作。

14.4　实习报告

一、填空题(20 分)

1. 智能制造是一种由________和________共同组成的__________。

2. 在智能制造系统内的 ABB 机械臂工作范围、AGV 小车行驶路线上，严禁________或_________，避免_________、小车与人或物发生碰撞事故。

3. MES 系统又称为_________，是面向________的管理系统。

4. 数控车床加工上下料工作站主要由__________、__________和__________组成，可以_________。

5. 激光焊接机常见加工方式有________和______。而本系统将采用________的方式将两个零件焊接在一起。

6. 激光打标机常用的方式有__________、_________和 ________。

7. 系统上电时，总控台按下“复位”按钮后，可以观察到各工作站指示灯_________。

8. 当发现 AGV 小车电量指示灯变红时，表示________(可以/不可以)继续工作。

9. ABB 机械臂开机后，需要通过单击_________上的“PP 移至 MAIN”按钮来启动主程序。

二、简答题(30 分)

1. 请问智能制造概念是什么？请从国家与生产两个层面进行阐述。

2. 智能制造实训平台的主要组成部分有哪些？

三、思考题(50 分)

1. 请思考整理智能制造系统开机流程及各个工作站的主要功能。

2. 在智能制造系统工作站中你最感兴趣的是哪一个？后续有机会你想深度学习哪方面的知识内容，请说明理由。

评分：____________________指导老师：____________________时间：__________________

第 15 章

创新实例

15.1 实习目的

综合与创新工程训练的目的是培养学生综合设计能力、分析和解决复杂工程问题的能力以及创新意识和创新能力。从项目管理入手，掌握项目需要、项目规划、项目计划、项目分解、项目进度计划安排、责任划分矩阵等方法；通过对实际复杂工程项目的分析，掌握解决复杂工程项目的基本方法，掌握典型零件的加工工艺和加工路线，树立较全面的工程设计观点，激发学生的创造性，培养学生主动学习能力、独立工作能力和创新能力。综合与创新训练是一个全方位培养和提高学生工程素质和创新意识的教学环节，是将所学知识应用于工艺综合分析、工艺设计和制造过程的一个重要的实践环节，是学生获取分析问题和解决问题能力、创新思维能力、工程指挥和组织能力的重要途径。以学生为主体，学生变被动为主动，按照自己的意愿设计产品，制订加工工艺，通过教师的引导与展示，完成一件产品的整个设计与制造过程。

15.2 实习注意事项

1. 参加综合与创新项目的学生必须是参加过金工实习且成绩合格的学生。
2. 在车床或铣床等机床上加工零件时必须有两名以上学生在场。
3. 使用的所有材料都要归类保管，危险品应单独存放。
4. 工作中设备若有异常情况，应立即停止，保持现场，并报告指导老师。
5. 工作完毕后，要清扫现场，整理资料并归档处理。
6. 完成后的作品要及时交给指导老师并留名存档，不允许私自带走。
7. 如有作品参加各类比赛，请及时登记并按时归还。

15.3 实习内容与要求

15.3.1 产品设计及产品创新

1. 产品设计

随着科学技术的不断发展，人们对产品的功能要求越来越高，市场对产品的竞争越来越激烈，快速提供优质、廉价、具有创新性的产品已成为企业发展的必由之路。产品的设计是一个决策的过程，从人们的需求出发，形成规划和设计，再形成产品进入市场，经过销售、使用，最终报废或回收。

机械产品设计一般分为产品规划，原理方案设计，技术设计和施工设计 4 个阶段。

1) 产品规划阶段

明确设计任务就是决策开发新产品，为新技术系统设定技术过程和边界，是一项创造性工作。要在集约信息、调研预测的基础上，识别社会的真正需求，进行可行性分析，提出可行性报告以及合理的设计要求和设计参数项目表。同时，产品规划要根据对市场的分析，包括对竞争对手的分析，在概念上进行产品设想，研究产品特性和系统配置，包括市场定位、时间安排，以及按功能、材料、加工方法、质量和成本的要求等对产品进行定义。

集约信息应该包括生产单位中从情报、设计、制造到社会服务等所有业务部门的任务。调研要从市场、技术、社会三个方面进行。预测要按科学方法进行。识别需求的可行性分析和可行性报告，应由所有业务部门参加的并行设计组和用户共同完成，而不是设计部门或少数部门完成。

2) 原理方案设计阶段

原理方案设计就是新产品的功能原理设计。用系统化设计法将确定了的新产品总功能按层次分解为分功能直到功能元。用形态学矩阵组合按不同方法求得的各功能元的多个解，得到技术系统的多个功能原理解。经过必要的原理试验，通过评价决策，寻求其中的最优解(即新产品的最优方案)，列出原理参数，并绘出新产品的功能原理方案图。

3) 技术设计阶段

技术设计是把新产品的最优原理方案具体化。首先是总体设计，按照“人-机-环境-社会”的合理要求，对产品各部分的位置、运动、控制等进行总体布局。然后分为同时进行的实用化设计和商品化设计两条设计路线，分别经过结构设计(材料、尺寸等)和造型设计(美感等)得到若干个结构方案和外观方案。分别经过试验和评价，得到最优结构方案和最优造型方案。最后分别得出结构设计技术文件、总体布置草图、结构装配草图和造型设计技术文件、总体效果草图、外观构思模型。以上两条设计路线的每一步骤，都经过交流互补，而不是完成了结构设计再进行造型设计，最后完成的图纸和文件所表示的是统一的新产品。

产品的设计开发可根据企业自身经济和技术条件，进行拥有自主知识产权的产品开发，或集多家单位优势的协作开发，也可以采用技术引进和消化吸收再创造等方式。

4) 施工设计阶段

施工设计是把技术设计的结果变成施工的技术文件。一般来说，要完成零件工作图、部件装配图、造型效果图、设计和使用说明书、设计和工艺文件等。再由制造部门确定哪些零件由自己制造，哪些零件需要外购，选择零件加工方法以及组装成产品的整个生产计划，同时根据生产计划进行零件加工和产品组装等过程。

2. 产品创新

什么是创新？简单地说，就是利用已存在的自然资源或社会要素创造新的矛盾共同体的人类行为，可以认为是对旧有的一切所进行的替代或覆盖。

创新是以新思维、新发明和新描述为特征的一种概念化过程。创新是一个非常古老的词，早在《南史・后妃传上・宋世祖殷淑仪》中就曾提到，是创立或创造新东西的意思。但我们现在更多的是引用国际上经济方面的创新理论。在英文中解释为“bring forth new ideas”， 其含义包含两个方面的内容，第一是指前所未有的，即像现在说的创造发明的意思，如爱因斯坦发现了相对论；第二是引入到新的领域产生新的效益，也叫创新。

1) 创新思维

创新思维是指对事物间的联系进行前所未有的思考，从而创造出新事物、新方法的思维形式。人类思维具有三种形式：逻辑思维、形象思维和创新思维。钱学森指出：“思维学是研究思维过程和思维结果，不考虑在人脑中的过程。这样我从前提出的形象(直感)思维和灵感(顿悟)思维实质是一个，即形象思维，灵感、顿悟都是不同大脑状态中的形象思维。另外，人的创造需要把形象思维的结果再加逻辑论证，是两种思维的辩证统一，是更高层次的思维，应取名为创造性思维，这是智慧之花！所以应归纳为逻辑思维、形象思维和创造性思维。”钱学森所说的创造性思维就是创新思维。由此可见，创新思维建立在逻辑思维和形象思维基础之上。下面介绍几种思维类型。

(1) 形象思维和抽象思维：形象思维使用反映同类事物一般外部特征的形象，基本由右脑进行。抽象思维使用反映事物本质属性的概念和推理，基本由左脑进行。形象思维较活跃，能激发联想、类比、幻想等，产生创新构思。抽象思维较严密，在新的条件下，也可通过逻辑推理产生创新构思。两种思维通过连接左、右脑互相作用，相互渗透，二者结合能产生更多创新成果。

(2) 发散思维和收敛思维：发散思维遇到问题，是根据问题的信息，沿着非常规的不同的正向、逆向、全方向思维和角度多方面寻求可能的解答。收敛思维是把来自多方面的知识信息指向同一问题，通过分析综合，逻辑推理，引出答案。发散思维的特点是：流畅，反应敏捷，在较短时间内想出多种方案；灵活，触类旁通，随机应变，不受思维定势影响；独特，所提的解决方案有特色。发散思维要求熟悉多方面的科技文化领域，知识面广博。收敛思维的特点是：分析比较各种信息的优缺点，推理综合，引出最优答案。收敛思维要求具有细致的分析能力和严密的逻辑推理能力。两种思维结合，通过多次发散、收敛的循环，能找到较好的创新方案。

(3) 逻辑思维和非逻辑思维：逻辑思维注意事物的显性和常规功能，应用抽象概念，把复杂问题化简，找出主要因素。非逻辑思维不严格遵循逻辑程式，灵活自由，往往能突破常规，引发事物的潜在性质和特殊功能，产生新颖的构思；逻辑思维要求善于分解事物，在此基础上进行综合、归纳、演绎、推理。非逻辑思维的基本形式是：由一个事物引发，想到常规中似乎完全无关的另一事物的联想力；加工改造原有形象，产生新形象的想象力；受激直接领悟事物本质的洞察力；偶然机遇使人着迷于问题时的全部积极心理活动突然连锁激发、不能控制，潜意识进入显意识，迸发出创新火花。

(4) 直达思维和旁通思维：直达思维在思考解决问题时，始终不脱离问题的情境和要求。旁通思维通过细致分析，把问题转换成另一领域的等价问题。直达思维解决较简单的问题特别有效。旁通思维抓住问题的本质，通过类比、置换、模拟等方法创造新构思新方案。两种思维往往先使用直达思维无效，才改用旁通思维，但又回归到直达思维，面对问题提出创新方案。

2) 产品创新方法

目前产品的创新主要体现在产品功能创新和产品品种创新两个方面，就其创新理论和方法而言主要包括以下几种。

(1) 头脑风暴法：头脑风暴法也称集体创造性思考法，其实质就是召开一种特殊形式的小组会，在小组会上广泛征集想法和建议，然后加以充分讨论，鼓励提出创意，最后进行分析研究以及决策。

(2) 逆向思考法：逆向思考法亦称破除法或反头脑风暴法。其出发点是认为任何产品都不可能十全十美，总会存在缺陷，可以加以改进，提出创新构想。逆向思考法的关键是要具有一种“吹毛求疵”的精神，善于发现现有产品的问题。

(3) 科学创造法：科学创造法也称综摄法。综摄法是利用非推理因素通过召开一种特别会议来激发创造力的一种创新方法。综摄法的基本特点是，为了拓宽思路，获得创新构想，就应经过一个“变陌生为熟悉”而后“变熟悉为陌生”的过程，即在一段时间内暂时抛开原问题，通过类比探索从而得到启发。

(4) 戈登法：戈登法又称教学式头脑风暴法。其特点是不让与会者直接讨论问题本身，而只让讨论问题的某一局部或某一侧面；或者讨论与问题相似的某一问题；或者用“抽象阶梯”把问题抽象化向与会者提出。主持人对提出的构想加以分析研究，一步步地将与会者引导到问题本身。

(5) 检验法：检验法亦称为检验表法或提问清单法。所谓检验表是指为了准确地把握创新的目标与方向，既能开拓思路、启发想象力，又能避免泛泛地随意思考。奥斯本设计出了一种适用于新产品开发的检验表，称为“奥斯本6M法则”。

(6) 属性列举法：属性列举法也称为分布改变法，特别适用于老产品的升级换代。其特点是将一种产品的特点列举出来，制成表格，然后把改善这些特点的事项列成表。其特点在于能保证对问题的所有方面做全面的分析研究。

(7) 仿生学法：仿生学法是通过模仿某些生物的形状、结构、功能、机理以及能源和信息系统，来解决某些技术问题的一种创新技术。

(8) 形态学分析法：形态学分析法又称形态方格法。它研究如何把问题涉及的所有方面、因素、特性等尽可能详尽地罗列出来，或者把不同因素联系起来，通过建立一个系统结构来求得问题的创新解决方案。形态学分析法认为创新并非全是新的东西，可能是旧东西的创新组合。因而，若能对问题加以系统化分析和组合，便可大大提高创新成功的可能性。

15.3.2　实际案例

现在以全国大学生工程训练综合能力竞赛项目为例介绍项目如何在实践过程中应用创新方法、进行项目管理及制造工艺的选择及安排。

竞赛命题为：以重力势能驱动的具有方向控制功能的无碳小车(如图 15-1 所示)。

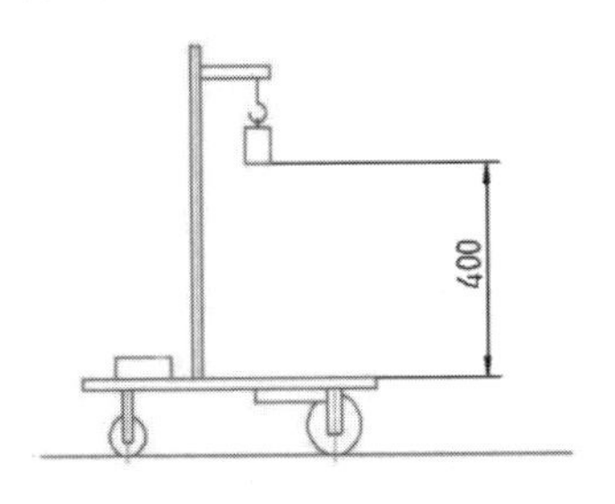

图 15-1　无碳小车示意图

设计一种小车，驱动其行走及转向的能量由给定重力势能转换而来。给定重力势能为 4J(取 $g=10m/s^2$)，竞赛时使用组委会统一提供的质量为 1kg 的重块铅垂下降来获得，落差为 400±2mm；重块落下后，需要被小车承载并同小车一起运动，不允许从小车上掉落。

要求小车行走过程中完成所有动作需要的能量均由此重力势能转换获得，不可使用任何其他能量来源。

要求小车具有转向控制机构，且此转向控制机构具有可调节功能，以适应放有不同间距障碍物的竞赛场地。

要求小车为三轮结构，具体设计、材料选用及加工制作均由参赛学生自主完成。

1. 加工轴类零件

无碳小车制作属于单件小批量生产，在毛坯材料的选择上以选型材为主，选择合适直径的圆钢或铝棒为宜。加工精度为 IT7、粗糙度为 Ra 0.8μm 已能满足设计需要，所以零件加工工艺路线选择“粗车-半精车-精车”这条应用最广泛的工艺路线。在加工过程中为达到特定的加工性能，路线中间可以加上适当的热处理工艺。

2. 加工叉架类零件

叉架类零件在小车中主要起支撑轴承的作用，因无碳小车承受载荷较小，可直接选用板材作为毛坯。在加工工程中，其不涉及传动精度的外轮廓及镂空减重部分可直接采用粗铣工艺完成。涉及安装定位的表面采用粗铣-半精铣-精铣的加工工艺路线，使其达到加工精度 IT6～IT8、表面粗糙度 Ra 0.63～5μm，以满足安装定位需求。对于涉及传动精度的孔系可采用“钻孔-粗镗-精镗”的加工工艺，对于不便于镗削加工的小孔可采用“钻孔-扩孔-铰孔”加工工艺，以满足加工精度及表面粗糙度要求。

3. 加工盘盖类零件

对于盘盖类零件(如车身)，常采用板材作毛坯，根据需要进行加工。对于精度要求不高的表面可采用粗铣-半精铣的工艺完成加工；对于定位的表面采用粗铣-半精铣-精铣的加工工艺路线，使其达到加工精度 IT6～IT8，表面粗糙度 Ra 0.63～5μm，以满足安装定位需求；对于车身上的螺纹孔系常采用“钻孔-扩孔-攻螺纹”的加工工艺满足要求；对于车身上的定位孔常采用“钻孔-扩孔-铰孔”的工艺来满足精度要求。如有更高要求，还可在铰孔工艺后加上手铰工艺以获得更高的加工精度。

15.4 实习步骤

同样以全国大学生工程训练综合能力竞赛项目为例进行介绍。

1. 分析部件的结构和技术要求

分析所选部件的结构工艺性，如外形和内腔结构的复杂程度、装配和定位的难度、各零件的尺寸精度和表面粗糙度的大小、生产批量的大小等。

2. 选择材料和制造工艺

根据零件的结构工艺性和性能要求，选择合适的材料和制造方法。要分析材料的铸造性、锻造性、焊接性和切削加工性，以便确定合适的材料成型加工制造方法。

3. 编制工艺卡片或数控程序

编制相应的内容。

4. 进行加工和装配

按照相关工艺的工艺卡片或数控加工程序进行材料成型加工，测量各零件的尺寸精度、位置精度和表面粗糙度，选购相关标准件，进行部件的装配和调试。

5. 零件和部件的质量分析及创新方案

对零件的部件的内部质量、外观质量、尺寸精度、位置精度和表面粗糙度进行综合分析，总结优缺点，提出创新方案。

15.5 实习报告

一、填空题(20 分，每题 4 分)

1. 外圆表面的典型加工路线是__________________。

2. 为满足无碳小车的表面加工精度，一般粗糙度为_______________，表面粗糙度为_______________。

3. 综合与创新训练的过程主要有__________、__________、__________、__________、_________等环节。

4. 目前，在机械加工中，毛坯的种类很多，有__________、__________、__________、__________以及__________等。

5. 大批量生产时应采用_____________毛坯制造方法。铸件应____________，锻件应采用_____________，单件小批生产则应采用___________。

二、问答题(30 分)

1. 什么是项目管理，主要内容有哪些？

2. 产品创新的方法哪些？

3. 外圆、孔、平面的加工路线如何定制？

三、附加题(50 分)(对于参加三周或者四周实习的同学为必做题，参加一周或者两周实习的不做要求)

1. 简单描述无碳小车的制作过程以及收获和体会。

2. 思考并描绘自己心中构想的一件理想作品及设计制作过程。

评分：__________________指导老师：__________________时间：__________________

实习总结

实习感受、收获、对实习教学的建议等。(不少于 200 字)

评分：____________________ 指导老师：__________________ 时间：__________________

金工实习成绩考核办法

1. 金工实习各工种成绩采用百分制评分，工种权重系数按工种实际时间占比计算。

2. 最终成绩按优、良、中、及格、不及格分为5个等级。90分以上为优秀，80分以上、90分以下为良好，70分以上、80分以下为中等，60分以上、70分以下为及格，60分以下为不及格。

3. 各工种实习成绩主要从如下两个方面进行考核，采用百分制计分：

(1) 基本技能：满分80分。

评分细则——按各工种的加工操作评分细则进行。

(2) 实习报告：满分20分。

评分细则——按照实习报告参考答案评定。

4. 在实习过程中出现以下情况者，按下列标准从总分中扣分：

(1) 工位所属范围内未清洁、不整齐，每次扣1分；违反《工程训练实习守则》的管理制度每次扣2分。

(2) 迟到或早退一次扣5分，旷课半天扣10分。

5. 学生实习期间有如下情况者，金工实习成绩为不及格：

(1) 实习时间少于规定时间三分之二者。

(2) 实习中严重违反《现代制造实习安全操作规程》或造成设备及人身安全事故者。

(3) 不按时提交实习报告者(实习结束之前交给最后工种指导老师)。

金工实习成绩登记表

专业＿＿＿＿＿＿　班级＿＿＿＿＿＿＿　学号＿＿＿＿＿＿＿＿＿　姓名＿＿＿＿＿

序号	工种	基本技能	实习报告	权重系数	扣分	工种得分	备注	指导老师	日期
1	钳工								
2	铸造								
3	普通车削								
4	数控车削								
5	普铣								
6	数铣								
7	线切割								
8	3D 打印								
9	激光雕切								
10	智能制造								
11	创新实例								
12									
13									
14	实习总结								
总成绩					成绩等级				

参考文献

[1] 傅彩明，刘文锋，陈娟. 金工与先进制造实习[M]. 上海：上海交通大学出版社，2019.

[2] 傅彩明，刘文锋. 金工实习手册[M]. 上海：上海交通大学出版社，2019.

[3] 杨萍萍，于庆. 机械工程加工质量控制措施分析[J]. 天津：建材与装饰，2018(13)：219.

[4] 谢旭亨. 机械加工过程中的质量控制[J]. 河北：科技风，2017(09)：117.

[5] 曾欣. 基于 ISO9000 标准的质量管理体系有效性评价综述[J]. 福建：化学工程与装备，2017(04)：172-175.

[6] 张永威. 机械加工过程中的质量控制[J]. 北京：电子测试，2016(19)：125-126.

[7] 王国民. 机械加工过程中的质量管理分析[J]. 黑龙江：科技创新与应用，2016(15)：123.

[8] 杜岩. 机械加工表面质量管理中的不足及其优化措施[J]. 北京：科技资讯，2015，13(32)：86-87.

[9] 郑杰. 浅谈机械加工中的质量控制[J]. 河北：科技风，2015(07)：35.

[10] 李伟. 金林公司质量管理案例研究[D]. 浙江：浙江工业大学，2014.

[11] 吕磊刚. 机械加工车间质量管理系统的体系结构及应用开发[D]. 重庆：重庆大学，2014.

[12] 周增文. 机械加工工艺基础[M]. 湖南：中南大学出版社，2003.

[13] 徐灏. 机械设计手册(第三卷)[M]. 北京：机械工业出版社，1993.

[14] 严绍华，张学政. 金属工艺学实习(第二版)[M]. 北京：清华大学出版社，2006.

[15] 周伯伟. 金工实习[M]. 江苏：南京大学出版社，2006.

[16] 宋昭祥. 现代制造工程技术实践[M]. 北京：机械工业出版社，2004.

[17] 杨宝福. 钳工基本操作[M]. 内蒙古：内蒙古人民出版社，1979.

[18] 傅为良. 钳工基础[M]. 北京：高等教育出版社，1991.

[19] 骆行等. 钳工[M]. 四川：电子科技大学出版社，2007.

[20] 陈兴奎，吕学. 钳工操作技术要领图解[M]. 山东：山东科学技术出版社，2004.

[21] 黄明宇，徐忠林. 金工实习(下册)[M]. 北京：机械工业出版社，2009.

[22] 电子工业半导体专业工人技术教材编写组. 钳工知识[M]. 上海：上海科学技术文献出版社，1983.

[23] 机械工业部. 钳工工艺学[M]. 北京：机械工业出版社，2004.

[24] 何鹤林. 金工实习教程[M]. 广东：华南理工大学出版社，2006.

[25] 张高峰，胡成武. 机械制造基础[M]. 湖南：中南大学出版社，2011.

[26] 胡凤兰. 互换性与技术测量基础(第二版)[M]. 北京：高等教育出版社，2010.

[27] 周增文. 机械加工工艺基础[M]. 湖南：中南大学出版社，2003.
[28] 汤酞则. 材料成型工艺基础[M]. 湖南：中南大学出版社，2002.
[29] 何少平，杨瑾珪. 金工实习[M]. 湖南：中南工业大学出版社，1997.
[30] 清华大学金属工艺教研室. 金属工艺学实习(第二版)[D]. 北京：高等教育出版社，2004.
[31] 贺小涛，曾去疾，汤小红. 机械制造工程训练[D]. 湖南：中南大学出版社，2002.
[32] 张木青，于兆勤. 机械制造工程训练[M]. 广东：华南理工大学出版社，2004.
[33] 朱圣瑜，李新成. 机械制造实习[M]. 湖南：湖南科学技术出版社，1995.
[34] 郑晓，陈仪先. 金属工艺学实习教材[M]. 北京：北京航空航天大学出版社，2005.
[35] 王瑞芳. 金工实习(机类)[M]. 北京：机械工业出版社，2002.
[36] 孙以安，鞠鲁粤. 金工实习[M]. 上海：上海交通大学出版社，2005.
[37] 徐鸿本，沈其文. 金工实习(第二版)[M]. 湖北：华中科技大学出版社，2005.
[38] 陈永泰. 机械制造技术实践[M]. 北京：机械工业出版社，2006.